U0959191

三余

心理

自有力量系列

自有力量系列

三余

心理

对话疗愈

心理咨询帮你重新认识自己

木梅 著

中国法制出版社
CHINA LEGAL PUBLISHING HOUSE

序 言

PREFACE

决定写这本书时，脑海里开始翻腾着一个又一个或清晰、或模糊、或真切、或虚幻的人影。他们带着自己那些尘封已久的故事而来，缓缓地述说着人生的心酸与坎坷，或焦、或燥、或悲、或哀、或麻木……随着时光的流逝，尽管有些人的面容、有些故事的细节已经想不起，但仍有那么一些人，仿佛昨天才来过。他们的人生故事是如此鲜活，那些不堪的过往，那些哀伤的情节，依然历历在目，感怀于心，就像自己曾经亲自经历过一般，无法言说的伤痛和悲伤也还会如飞鸟般在心头掠过。那些存在于来访者登记表上的人们，有的尚未成年，不谙世事，却已伤痕累累；有的正值青春，风华正茂，却已心如死灰；有的人到中年，年富力强，却早已心力憔悴；有的耄耋之年，颐养天年，却仍旧心绪纷杂……如何能够帮他们去除心魔，是每个心理咨询师在心里问了几百遍的问题。虽然每个心理咨询师都有自己所信奉的理论和擅长的技术，但不管怎样，殊途同归，归根结底，心理咨询师首先要做一个好的倾听者，其次要做来访者自我领悟与疗愈的引路人。

心理咨询师对于来访者，如同医生之于病人。治病救人，这意义不言而明。实际上，心理和生理本就是密不可分的关系。

研究发现，如果心理出现问题没有得到及时的干预，便会在生理上产生一些症状，如头痛、胸闷、气紧、消化不良、食欲不振、失眠……严重的心理问题就会产生严重的生理症状。如同生病了就要找医生，心理出现了问题就得及时求助专业的心理咨询师。因为,他们了解人心,懂得维护人心理健康的科学知识。不过，心理咨询师并不像某些人认为的那样具有特异功能——读心术，可以瞬间看穿人心。心理咨询师不是江湖算命师，可以预测你的后半生，但可以帮助你了解自己的前半生，更好地把握自己的后半生。心理咨询师也不是魔法师，没有法术，挥挥手，就能拨开乌云见月明，从黑暗走进阳光，瞬间让人从痛苦的深渊中逃出，忘却烦恼……但心理咨询师能运用心理学以及相关学科的专业知识，遵循心理学原则，通过心理咨询的技术和方法，帮助求助者解决心理问题。尤其是对于那些心理上有问题，但又为非精神疾病的人，接受心理咨询和治疗是非常必要的。它可以解决人心理上的困惑和烦忧，达到心理平衡，维护心理健康，使其回归正常的生活和学习。当他们带着一脸愁苦、满心伤痕走进心理诊所时，作为心理咨询师的使命感悄然在心中升腾。当看到他们展开笑颜，一身轻松，健步离开的时候，心理咨询师的职业自豪感，亦会充盈胸膛。

心理咨询（和心理治疗）的任务就是移除阻碍一个人成长的障碍，协助咨询者达成个人成长和基本人格转变，在成长过程中自然减轻身心痛苦、移除症状。因此，心理咨询能在以下几个方面协助我们。

清除情绪垃圾：心理咨询师可以协助我们及时缓解消极情绪，管理好自己的情绪，保有平静、愉悦的心情。改善关系：

心理咨询教会我们更好地理解人际关系实质，掌握有效沟通的技能技巧，帮助我们建立良好的关系，比如夫妻关系、亲子关系、朋友关系、职场关系等。良好的关系往往是幸福与安全的保障。解决问题：心理咨询师一般不会直接帮助来访者解决生活和工作中所遇到的实际问题。但是，可以帮助来访者厘清这些问题产生的根源，尤其是其中各种关系中带来的矛盾和冲突，让来访者对自己的问题有一个清晰的认知，从而找到解决问题的办法，缓解焦虑。尽管心理咨询师在心理咨询和治疗中的作用十分重要且不可替代，但是一个人能不能康复或康复到何种程度，是被人们的思想、选择和行为所支配的，而心理咨询只是提供给人们这个思想、选择和行为的协助和引导的力量，无法代替人们的思想和行为。别无选择，来访者必须调动自己的力量来自主康复，心理咨询师的最终目的是助人自助。并且，心理咨询并不能一两次就可以解决所有的问题，它是需要一个疗程去治疗和帮助的过程。这就像我们感冒吃药，不可能吃一颗就好，也要一天吃几次、一次吃几颗，经历一个或几个疗程才能治愈。并且，经验告诉我们，同生理上的疾病一样，尽早发现心理问题就该尽早寻求帮助，愈后效果才最好。

书中所描述的这些人生故事，是人们在生活中经常会遇到的情形。因此，窃以为这些故事不应该被静悄悄地搁置在岁月的书柜深处，应该写出来让更多的人看到、读懂，进而思考：什么样的人生才是幸福的人生？什么样的人生才是自己想要的人生？如何才能拥有自己想要的人生？如何保持最真实的自己？每个人在他人或自己的人生中，应该扮演什么样的角色？如何与世俗中的各色人等打交道……当然，如果有人读完这本书，能从这些故事中感受到哪怕一点触动，也足矣。

在真实的心理咨询活动中，往往每个来访者的咨询过程都比书中描述的更加繁复，持续的时间也更长久。但是，集结成书时，受到篇幅的限制，对咨询过程中的很多环节都做了删改。不过，咨询过程中的关键环节、基本的事件脉络，都保留了下来。

另外，为了遵守保密原则，书中对来访者的姓名、病程和背景资料做了一些更改，切莫对号入座。如有雷同，确属巧合。

木　梅

2022 年 5 月 1 日

目 录

CONTENTS

CONTENTS

第一章

亲子悖论：控制欲 vs 自我防御

“请进！”温韵按捺住内心的讶异，微笑着，侧身，伸出一只手，示意她进来。

“嗯。”女孩双手抓住衣服的底边，微驼着背，犹疑着，走进房间。这是个眉清目秀的小姑娘，虽然瘦弱，但眉宇间有一丝凛冽的气息。温韵猜她十四五岁。

“坐吧。”温韵指着沙发，然后转身走向饮水机，拿了一个一次性纸杯，接水。

女孩走到沙发前，停了下来，好像一时拿不定主意，不知道该坐在L形沙发的哪一边，是坐在三人座还是就近坐在身边的单人座上。

“没关系，想坐哪里就坐哪里。”温韵转头看了她一眼，温和地说。

于是，女孩坐在了单人座沙发上。

温韵把水放在她跟前的茶几上，说：“先喝点水。”随后，她坐在了女孩的斜对面，沙发三人座靠近女孩这边。这样一来，两人相隔大约 1 米的距离。

温韵严格地把控着与来访者的距离是有一定讲究的。因为，这样的距离既不会引起来访者的紧张不适，又不会显得太过疏离。心理研究证明，人与人之间需要适当的距离，无论是与家人、恋人、朋友、同学、同事还是陌生人，都应该保持相处的距离。一般来说，与亲人和爱人之间的距离为亲密距离（约 15 厘米以内）；与熟人之间的距离为个人距离（46—76 厘米）；与陌生人之间的距离为社交距离（1.2—2.1 米）；公共场合与演讲者等的距离为公众距离（3.7—7.6 米）。所以，正确把握好人际交往的距离，就等于掌握了社交中的一个关键点。

女孩只是用手碰碰了纸杯，并没有端起来喝。她似乎忘了要说的话，只是淡淡地说了句“谢谢”便没了下文。

“你有什么需要我们帮助的吗？”温韵只好直接问她，“不着急，慢慢说。”

“嗯……你们是心理咨询吧？”女孩试探着问。

“是的。”

“是要收费的吧？怎么收？”女孩又问。

“按时间收取一定的费用。”温韵给她报了价，接着说，“不过，在进入正式咨询前，所有关于咨询流程的问题都是不收费的。”

“哦。”女孩轻轻地舒了一口气。

“如果我想做心理咨询，可以吗？”女孩不再那么紧张，平静地问道。

“可以是可以。只是，你是未成年人，咨询前需要签一些文件，这些只能由你的监护人来签。”

“我想自己签，不可以吗？”女孩有些不死心地追问。

“原则上不行。”温韵语气温和但坚定地拒绝了她。看到女孩失望的眼神，又有些不忍，“你们学校不是有心理老师吗？有什么心理困惑为什么不去找心理老师聊聊？”

“我不想。”女孩冷冷地说。温韵等着她说不想的理由，但女孩动了动嘴唇，没有出声。后边的话似乎被她给咬碎嚼烂，生生地吞进了肚子。

“那你能告诉我，你具体想咨询哪方面的问题吗？”温韵问。如果是比较简单的问题，温韵思量着，或许可以马上给她一个建议。

女孩狠狠地说：“我就是想知道，我和我妈到底谁有病？”

说完，女孩眼神直勾勾地盯着温韵。那神情就像一个溺水的人终于抓到了一根稻草，有一种任何人都休想让她放手的决绝。

“我觉得我妈有病，可我妈总是说我有病。”女孩补充道。

唉，温韵不由得在心里一声轻叹。又是一出亲子情仇，相爱相杀的戏码。这样的戏码，温韵这几年见过太多。虽然故事的主角不断变换，故事情节也不尽相同。但是，故事的主线大致不过如此：掌握着生杀大权的父母，高擎“爱”的大旗，以“我们都是为你好”为借口，自觉或不自觉地操纵着孩子的人生。然而，随着孩子的长大，渴望独立和自由的孩子内心便会渐渐地滋生怨气。这怨气如涓涓细流，从心缝里，慢慢溢出，最终汇成愤怒的大江大河。它孕育着强大的力量，想要找到发泄口。不同个性的孩子处理愤怒的方式也不尽相同，有的盲从麻木，有的揭竿而起。但不管故事如何发展，最终的结局只有一个：

两败俱伤！亲子之间，不是仇人，胜似仇人。

“你的这个问题，比较复杂，我现在没有办法马上给你答案。”温韵看着女孩急切的目光，耐心地向她解释，“我只有充分了解了你、你妈妈，还有你和你妈妈之间到底发生了什么，才能做出较为客观的判断。所以，你最好说服你妈妈还有你爸爸一起来做个正式的心理咨询，好吗？”

“我是和我妈妈一起生活，爸爸不在本地。”女孩说。

“哦，那就和妈妈一起来。”

“如果我妈妈不愿意来呢？”女孩问。

“你好好和她说。为了你的心理健康，我想她应该会来的。”

“好吧。”女孩犹豫了片刻，点头答应。

“来访者什么情况？”温韵问小麦——诊所唯一的一个全职员工、咨询师助理兼前台。

“你还记得上次那个长得很清秀，一脸傲气的女孩吗？”

“长得很清秀，一脸傲气的女孩？”温韵在脑海里搜索了一下，识别出一张面孔，“就是那个问是她有病还是她妈妈有病的？”

“对。昨天下午放学时，她自己过来预约的，说到时候她会和妈妈一起过来。”小麦说着，把文件夹递给温韵。

“好。”温韵答应着，打开文件夹，翻看着女孩填写的来访者登记表。

“姓名：叶青儿。年龄：16 岁。民族：汉。爱好：唱歌、跆拳道。心理症状：心情低落、时不时落泪。有时很暴躁，控制不住自己的脾气。独生子女，父母离异，与母亲生活在一起。”

差五分钟三点，母女俩一起到达。

叶青儿穿着一身校服，漠然的脸上看不出一丝情绪的波动，像结了冰的湖面。进门后，瞟了温韵一眼，陌生的目光就像第一次见。在温韵的示意下，她坐在了上一次来时坐过的地方。她的妈妈穿着质地良好的宝蓝色职业套装裙，一头微卷的短发，神情倨傲。

“我女儿想来咨询。所以,我带她来看看。你们是正规的吗？”叶青儿的妈妈一坐下，就很不客气地质问温韵。语气里透着满满的不信任。

“是的。我们是正规的。”温韵平静地说。为了打消她的疑虑，起身拿了营业执照和心理咨询师资格证给她看。

“那好吧，就做一次吧。”叶青儿的妈妈看过执照后，对温韵说。“不过，我能先和你谈谈吗？我想把我女儿的情况先给你介绍一下。”

温韵很了解这一类来访者，她们强势，不信任别人，喜欢操控一切。此刻，叶青儿的母亲就是把心理诊所当职场，非要占得先机，确保胜利不可。她想先谈，无非就是想在与温韵谈话时，提要求，指方向，以便控制咨询的进程。说白了，就是想把温韵变成另一个她，通过谈话把控自己的女儿，按自己设想的方向发展。温韵每遇到这样强势的来访者，一般都很警惕，绝不会让她们牵着自己的鼻子走，影响自己的咨询计划。况且，委婉地拒绝也是给这类来访者一个警示，让她们意识到自己的失礼和能力局限，不要试图左右心理咨询师的咨询工作。于是，她说：“嗯，是这样的，我们的咨询有一定的程序。我会先和你女儿谈，然后，再和你谈。”

“哦。”叶青儿的妈妈极不情愿地应着。

于是，小麦先把《心理咨询知情同意书》拿给叶青儿的妈妈签字，又拿了一份《症状自评量表SCL—90》给叶青儿填写，要做个简单的心理测试。《症状自评量表SCL—90》是用于评定个体在感觉、情绪、思维、行为直至生活习惯、人际关系、饮食睡眠等方面的心理健康状况。该量表包括90个题目，共9个分量表，即躯体化、强迫症状、人际关系敏感、抑郁、焦虑、敌对、恐怖、偏执和精神病性。心理咨询师常用来对16岁以上的人群进行一个简单且快速的心理健康状况测评，以便了解其心理问题的严重程度。

温韵和叶青儿走进了咨询室，把她妈妈留在客厅等待。

“最近过得怎么样？”温韵问。看到叶青儿有些拘谨，温韵想先和她闲聊几句，让她放松下来。

“就那样。”叶青儿耸了耸肩。面无表情的脸上，让人猜不透“就那样”是糟糕呢，还是过得去。

“你是自己要来做心理咨询的，想必，你对心理咨询有一定的了解吧？”

“嗯，我们有心理课。我看过毕淑敏的《女心理师》，还有《心理罪》之类的小说。”看来叶青儿对心理类的书很感兴趣，说到这些时，她的脸上有了些许活泼的表情。

“既然这样，那你对自己的心理状况，有多少了解呢？”

“嗯，我到网上查过。还做了一个测试抑郁的量表。测出来，我得了抑郁症。我有些害怕。”叶青儿看向温韵的目光，有怯懦，有乞求，似乎认定眼前的温韵就是可以决定她是否患病的判官。现在只需要她一句话，要么下地狱，要么重生。

“网上的东西不要轻易地相信。有没有得抑郁症，需要专业的心理测试，由心理咨询师或心理医生进行评估判定。”温韵正色说，她低头，迅速扫了一下手上叶青儿的《症状自评量表SCL—90》测试结果，“不过，从你刚才的心理测试结果来看，你确实存在着一些焦虑和抑郁的情绪，但还不至于到病症的地步。”

“哦。”叶青儿听了温韵的话，悄悄地松了口气。

“对了，你说你情绪低落，有多长时间了？”温韵问她。

“我觉得自己一直都不太快乐。尤其是上初中以后。”

“那是不是说，你在小学阶段还是很快乐的？”

“嗯，还好吧。”

“上初中后，与小学时期的生活有什么不同吗？”

“可能功课加重了，没有小学那么轻松了。”

“还有其他原因吗？”

“嗯，好像没有其他原因了。”

“高中呢？还是因为功课太繁重了吗？”

“也有，还有就是没有交到好朋友。”

“好朋友？一个朋友都没有吗？”

“有一个吧，是一个寝室的。我是指很知心的朋友。”

“哦，我理解，没有知心朋友，所以，有时会感到很孤独。”

“嗯。”

“那和老师们发生过冲突吗？”

“没有。”

“你的不快乐主要表现在哪些方面呢？”

“就是情绪一直很不好，时常想哭，莫名其妙的，我也不知道为什么，就是控制不住自己。有时很烦躁，想砸东西，还想打人。

胸口真的很闷，有时，心还会有刺痛感。”

“心有刺痛感？去医院看过专科医生吗？”

“我妈带我去医院检查过。医生说，身体没有什么问题。”

“那你的这个心痛，是从什么时候开始的。”

“大约半个月以前。”

“半个月前发生过什么特别的事吗？”

“也没什么大事。”叶青儿回忆着，“嗯……好像为了分班的事，和我妈大吵了一顿。”

“吵架后，心就开始痛了吗？”

“嗯……好像是我大哭了一通，然后，就感觉心开始隐隐作痛。”

“哦。分班的事，你能具体说说吗？”

“就是我想去文科班，我妈偏让我读理科班。”

“你文科好，还是理科好？”

“都差不多。但我喜欢文科。”

“后来呢？”

“我只好去了理科班。”

“是不是从小，你的所有事，都是你妈妈替你做决定？”

“嗯，差不多。”

“她总是这样做，你的感受是什么呢？”

“我……”叶青儿突然红了眼圈，哽咽了。似乎千言万语想一起冲出来，却在嘴边发生拥堵，反而吐不出一句。

温韵看到此情景，伸手从茶几上的纸巾盒中抽了一张纸巾给她，对她说：“想哭就哭吧。”

叶青儿接过纸巾的刹那，泪水悄然地溢出眼眶，她默默地擦拭着。也许从来就没有人关心过她真实的感受，温韵的话，无疑是那只打开她心门的手。心门一旦被打开，在里面憋屈太久的心绪，便如潮水般喷涌而出。湿了一张又一张纸巾，她狠狠地擦着眼泪，显然极力想控制一下，怎奈泪水疯了一样，狂奔而出。

“我知道，我妈妈一个人养我很辛苦，为我付出了很多。所以，我尽可能地不惹她生气。我告诉自己，我一定要爱我妈妈，长大了报答她。”叶青儿小声地哭过后，哑着声音说，“可是，我现在发觉，我真的没法爱她，有时候甚至很恨她。我也不知道从什么时候开始，我和我妈妈就成了仇人一般。”

“有句话叫，世上没有无缘无故的爱，也没有无缘无故的恨。你对妈妈由爱生恨，一定经历了一个漫长的过程。在这个过程中，我想，妈妈可能做了一些让你伤心的事吧？”

“嗯。”叶青儿木然地看着前方，慢慢回忆着，“小时候，我喜欢蝴蝶结，可她不喜欢，说女孩应该朴素，不能打扮得花枝招展的，那样不正经。可是，别的女孩都有漂亮的蝴蝶结，我也很想要。不能留长发，长指甲。放学后，我不能在任何地方逗留，必须按时回家。也不准我和男生们说笑。周末，也不让我玩手机、电脑，怕我打游戏。还不能和朋友在街上闲逛，甚至连交什么样的女性朋友，她都要干涉。总之，我喜欢的，只要她不喜欢，我就不能做。她总是有那么多的规矩要我遵守，有那么多的标准要我达到。可是，有些我真的做不到。一旦我没做对，我妈轻则黑脸，重则破口大骂。老师，我太痛苦了。现在只要和我妈妈在一起，我心里就很紧张。提着心吊着胆，生怕哪件事又没做对，不知道她是不是又要发脾气了，不知道她又会骂我什么。”

父母的爱，有时像一块巨大的磐石，重重地压在孩子的心上，让他们窒息、痛苦、无助、焦虑、无所适从……因为，有些父母虽然常常满嘴是爱，却“面目狰狞”。父母们觉得自己的初衷是爱，所以很多时候不讲究教育的方式方法，简单粗暴，严苛地要求孩子。为了让孩子实现自己都不曾达到过的人生目标，不惜采用讽刺、羞辱和打骂等手段，肆意地伤害孩子的自尊心，而丝毫不在乎孩子的感受。其实，父母的粗暴、冷漠与焦躁,正是他们自己心理有问题的体现。父母心里充满各种焦虑，没有办法管理好自己的情绪，才拿孩子出气。所以，有时需要治愈的不仅是孩子，而且是父母。这种所谓的爱，孩子对其有着本能的抗拒。小的时候，懵懂无知，无力反抗，或许能认同父母是为自己好。可到了青春期，进一步了解事实之后，便不堪忍受，纷纷揭竿而起，是谓叛逆。

“你的意思是说,在日常生活中,你经常被妈妈唠叨,是吧？”

“嗯，事无巨细，根本就是变态。就连我剥枇杷的方式，她都要指责我，说我不对。有时候，我觉得自己快要疯了。”

“我理解你的感受。谁也受不了这么严格的管控。”

“有时候，我感觉我不是她女儿，而是她的囚徒，或下属什么的。”

“你感到很不自由，对吗？”

“对。”

“那你觉得她还爱你吗？”

“我知道她很爱我。所以，小时候我也很乖巧听话。可是，我现在长大了，她还是把我当小孩来管，我就实在受不了了。

别人的妈妈也不全都这样，我怎么这么倒霉，摊上这么一个妈？”

“那你有没有尝试着和妈妈沟通，说你已经这么大了，自己的事情可以自己做主。”

“有呀，可每次这么说，她都大发雷霆。骂我不懂得感恩，太自私，太任性，不知天高地厚。还没学会走，就想跑。后来，我就懒得和她说了。”

沟通的基石是相互尊重。而有的父母常常视孩子为无知孩童、私有物品，随心所欲地对待他们。如果父母不能平等地对待孩子，而是高高在上，摆尽家长威风，就会一次又一次地伤害孩子。于是，孩子幼小的心里渐生嫌隙，滋生仇恨。长此以往，父母如何得到孩子的尊重和信任？孩子又怎么肯再对父母说出真心话？良好的亲子沟通更是无从谈起。所以，父母必须耐心地倾听孩子说话，把他们当成年人那样平等交流。每天至少需要 15 分钟陪孩子聊天，从孩子的表达中了解他的所思所想，与孩子的内心感受发生共鸣，才能解答他们心理上的疑虑和困惑，帮助孩子更好地成长。

“那不开心的时候，你会做些什么？”温韵问。

“没做什么，在学校里也没什么好做的。就闷着。”

“不听音乐吗？”

“有时也听，但都是悲伤的音乐。”停顿了一下，叶青儿吞吞吐吐地说，“温老师，你知道吗？我，有时候，实在难受了，会用小刀割自己的胳膊。”

“为什么这么做？”

“不知道。割了，看到血流出来，心里反而好受些了。”叶青儿笑了笑，像在说一件与己无关的好玩的事。

她天真的笑让温韵心一凛，暗自心痛。这么一个如花似玉的女孩，在最美的年华，却躲在无人知晓的角落里，拿着小刀，一下一下地划在自己白皙细嫩的胳膊上，冷冷地看着自己的鲜血滑过手臂。这是一种怎样的绝望，才能让这个女孩不惜以伤害自己的肉体为代价，来获得暂时的喘息，以获得活下去的勇气。

“能让我看看吗？”温韵小心地问。

“太丑了，还是别看了。”叶青儿把两只胳膊紧抱在一起。

“你这是把心理的苦痛转化为肉体的疼痛，借以缓解内心的焦虑和伤痛。以后不要再这样了。”

当一个人的负面情绪累积到一定的程度，却找不到有效释放的途径和方式时，他们只能用“生理反馈法”，即自我伤害（伤害肉体）来缓解内在的焦虑和痛苦。这是温韵在心理咨询中，常常会遇见的情形，尤其是在青少年身上。

“不可以用这种方式吗？”叶青儿追问温韵，她好像把玩着一个珍贵的玩具，一时间舍不得丢弃似的。

“不可以。”温韵严肃地说，“这样做，不小心会得破伤风。而且，伤害自己不是缓解焦虑的健康方式。”

“那健康的方式是什么？”

“比如找人倾诉、运动、唱歌、跳舞、写作……和你妈妈好好聊聊。”

“和她？没法聊。每次谈话都要大吵一架，她说我有病，我觉得她才有病！”

“她是不是对你说，我有病？”叶青儿的妈妈一落座，就急切地向温韵求证。

“我看她才有病。”没来得及等到温韵的回答，叶青儿的妈妈就愤怒地回击着，好像叶青儿就在眼前，“每天，我好吃好喝地伺候着，她还委屈了，成天耷拉个脸，就像我是个后妈。我现在都不能说她，不管我说什么，她都和我吵，反着来。有一次，我看她床铺没叠，让她叠好。她居然说，我就喜欢这么乱。你说这像话吗？”

叶青儿妈妈对叶青儿的怨言一点也不比叶青儿的少。母女俩不知从什么时候起，成了一对见面就分外眼红的冤家。她们各自沉浸在自己的冤情里，满腹怨恨地等待着对方的妥协。可等来的却是一次又一次的争吵，最后是绝望。于是，她们互相戒备着、提防着，神经高度紧张。稍有风吹草动，便迅速进入战斗，拼个你死我活。不信任如毒液腐蚀了这对母女之间的亲情。温韵根据以往的经验，知道自己首先要做的，就是让她们学着放下戒备，在心理上互换位置，学会体察对方的感受。尤其是做母亲的，要学会平等地对待自己的孩子，懂得尊重是爱的前提。没有了尊重，父母的“爱”便成了为所欲为的挡箭牌，最终，成为压垮孩子精神的一座大山。

“青儿妈妈，你是不是感觉叶青儿现在就是一个炸药桶，一点就炸？”

“对，对。”叶青儿的妈妈用力地点着头，深以为然地说，“温老师，你说得太对了。你别看她这么瘦弱的样子，有时候，她动手推我，力气大着呢，毫不手软。”

“你有想过，她为什么总是那么愤怒吗？”

“对我很不满呗。可我也没有做错什么呀？我对她那么严厉，还不都是为她好。”

“你对她好，为她着想，这没有问题。只是，在表达这份关爱的时候，我们是不是得讲究一下方式方法？找到一个别人容易接受的方法，传达我们的关爱，这样我们才能达到目的，不是吗？否则，只会让别人厌恶和排斥。”

“……”叶青儿的妈妈动了动嘴皮，没有说话。

“任何人都是有自尊心的，叶青儿也不例外。当她感到被贬低、被冒犯或者被伤害时，她的情绪就会爆发，甚至失控，这是一个独立生命体的一种自我防御。”

“自我防御？”

“对。自我防御是自我面对有可能的威胁和伤害时一系列的自我保护反应，是一种本能。包括发脾气、麻木、攻击别人……还有，你知不知道，叶青儿现在有自残行为？”

“自残行为？什么自残行为？”叶青儿的妈妈张大嘴，表情很困惑。

“她用小刀割自己的胳膊。”

“啊，我不知道。她不让我碰她，我们都好久没有拥抱了。什么时候的事？”

“有一段时间了。还不止割了一次。”

“她为什么这么做？”

“从我们接触到的个案看，有自残行为的人意味着她很痛苦，有很严重的焦虑情绪。当他们的负面情绪累积到一定的程度，却得不到有效释放时，就会用伤害自己，以获得刺激，来缓解内在的焦虑和痛苦。”

“这是不是说，她心理问题已经很严重了？”

“比较严重。所以，我们必须帮助她尽快地缓解内心的焦虑。”

“那，应该怎么做？”

“在回答你这个问题之前，我们必须分析一下，她的焦虑来自哪里呢？她是怎么一步一步变成现在这个样子的？”

“我就是不清楚呀！以前那么听话、乖巧、体贴的孩子，现在怎么就变成这样了？温老师，是不是所有的孩子到了青春期都这样叛逆？”

“不是。首先，叛逆不是青春期专属的标签。任何一个年龄阶段都可能有叛逆心理的产生。”

“那是因为什么？”叶青儿妈妈不等温韵说完，就打断她。

“请你先耐心地听我把话说完。”温韵淡淡地说，但语气中透着不容置疑的坚定，

“父母把孩子的叛逆归为青春期必有的病症，其实是非常错误的。不是所有的孩子到了青春期都会叛逆，只能说，叛逆的种子早已种下，只是到了青春期才发芽，才敢发芽，才有能力发芽。据我这么多年咨询青少年心理问题个案的经验来看，一个问题孩子的背后，一定有一对或一个问题家长。也就是说，孩子的问题基本上是家长的问题。如果孩子叛逆、不服从管教，那么，做父母的首先要明白，一定是自己的教养方式出了问题。有句话不是说吗，哪里有压迫，哪里就有反抗！即便是成年人，如果父母或周遭的人过度地干涉自己的人生，也会抵抗的，只是这种反抗的方式比较隐晦而已。”

“可我说的一切都是为了她好。那你说，我看到她的问题，难道不说她吗？”叶青儿妈妈满腹委屈，却又理直气壮。

“你爱叶青儿，这个是肯定的。”温韵耐心地解释，“爱是本

能，做母亲的大都不缺乏。高尔基就曾说过，爱孩子这是母鸡也会做的事。但如何正确地给予爱，却是一种智慧。这需要才能和渊博的生活知识，需要恰当的方式方法。父母在当今智能化高信息量的社会背景下，需要不断学习，提升自己的品质和教养孩子的能力，跟上孩子成长的节奏，不能想当然地自行其是，否则，即便你辛苦付出了，她也无法感受到这份爱。这不是孩子的错，是你爱的方式有问题。所以，你会感到委屈，不甘，怨恨孩子白费你一番心血。”

“就是，就是，我有时候就觉得好难受，怎么我这么多年辛苦付出，反而变成了她的仇人。回家就把自己关在房间里，门上还贴着‘闲人免进’。什么话也不愿和我说。日记本也上了锁。”叶青儿妈妈说。

“你还看她的日记呀？”温韵惊讶地问。

“她不是什么都不和我说吗，我只好偷看她的日记、QQ之类的，只是想了解她更多。”叶青儿妈妈辩解道。

“可是，你这样的行为，在孩子的眼里，那就是监视，是不信任她的表现。”温韵说。

“我，我这不是担心她，怕她出事嘛。”叶青儿妈妈嘟嘟囔囔地为自己辩解。

“你这是打着‘为你好’的幌子，侵犯孩子的隐私权，不尊重孩子，这是父母常犯的致命错误。”温韵严厉地说。很不客气地定性了她的行为，“就是你的这种行为或类似的行为，一次次地伤害了你们母女之间的感情，让叶青儿不再信任你，所以她现在才像防贼一样防你。”

“我……我没意识到问题的严重性。”叶青儿妈妈喃喃地说，

“唉，我可能以前是做错了很多。可现在，实在也不知道该怎么对待她才好。”

“其实很简单，遵循人与人之间交往的基本原则尊重、信任、平等、诚信……”

叶青儿的妈妈深吸了口气，陷入了沉思。

“我实在受不了我妈了，我想离家出走。”叶青儿再次来访。她话音未落，眼圈先红。

“先喝口水，慢慢说。”温韵轻柔地安抚她，“你能告诉我，发生什么事了吗？”

“我，我没有早恋！”叶青儿说。

“谁说你早恋了？”温韵问。

“老师、同学还有我妈。”

“早恋”，这是一个常常被老师和家长挂在嘴边的词，但是，并没有什么确定的标准来界定一个孩子是否早恋。如果草率地将青少年由于正常生理和心理发展造成的对异性的爱慕归为“早恋”，那是不科学的，也是不负责任的。“早恋”有时被老师和家长滥用，轻易地扣在青少年的头上，结果造成许多不良的后果，如破坏纯洁的友谊、伤害孩子的自尊心、干扰孩子正常的学习和生活……因此，“早恋”这个标签，是百害无一利的。倒不如委婉地换个称呼——“男女同学交往过密”。

“嗯？你能说得再详细点吗？到底发生了什么，他们就认定你早恋？”

“我，嗯……”叶青儿低头不说，双手交叉，揉搓着。

“我知道你一定有难言之隐。”温韵敏锐地捕捉到了她内心的犹疑，“不过，你不说出来，我就帮不了你。如果你实在不想说，那也没关系，等你想说的时候再说。我记得我跟你说过，你所说的一切我都会帮你保密的，包括对你妈。”

“老师，这件事，你不要和我妈说。”叶青儿直勾勾地盯着温韵，像是要宣布一个改变世界未来的重大决定。

“我保证不和你妈说。”叶青儿得到了她渴望的肯定回答。

“我虽然内心有些孤独，但是表面上，给别人的感觉还是很阳光开朗的。”叶青儿慢慢地说着，“所以，和班上的女生、男生的关系都不错。可是，最近班上的女生不知道中了什么邪，集体偷偷地减肥，连我最好的朋友也不例外。后来，我才从另外一个女生那里知道，班上的女生都悄悄地暗恋班里那个最高、最帅的男生。为了引起他的注意，一个个地巴不得瘦成芦苇，能在风中摇曳。我可不喜欢那个男生，一脸的高冷，太能装了，根本不是我喜欢的类型。更何况我特别怕饿，即使喜欢他，也不可能为了他减肥。对了，女生们为了减肥，把午饭都省了，只吃苹果和几块小饼干充饥。所以，每次到了饭点，就没有女同学和我一起去食堂。我就只好和我前座的那个男生一起去。他的名字，我就不说了。他人很真诚，也很幽默，加上我们都喜欢日本的漫画，所以，有很多的话题可以聊。渐渐地就熟悉起来，成了好朋友。可能就因为我们经常在一起，所以，他便成了我的绯闻男友。唉,真是太可笑了。我曾经读到一句话：人们只愿相信自己看到的东西，只愿相信他们理解能力范畴内的事。大概就是这个意思，我记不太清了。但实际上，我们不像她们想的那样，就只是朋友，而且永远只能是朋友。”

“为什么这么说？有一次，我俩下了晚自习后，在操场上夜跑。跑累了在操场边休息时，我问他有没有喜欢的女孩，他说他不会喜欢女孩的。初中时，他就发现自己不喜欢女生，却喜欢班上一个很 man 的男生。后来，他自己分析了一下，可能是因为自己的爸爸有一种遗传病，他从小就下了决心，不会和任何一个女生结婚，害怕遗传给孩子。所以，他一直对女生避之不及，很怕和她们有任何的感情纠葛。虽然我有点不太相信，但是他从没想和我成为男女朋友的确是真的。正因为他这样，所以我和他在一起才无所顾忌，什么都聊，就是不谈感情。可是，班上的某些同学喜欢八卦，私下里就传我们恋爱了。结果，传到了班主任的耳朵里。班主任找我们谈话，我们自然不能承认。尤其是那个男生，还和班主任吵了起来。班主任没办法，只好请家长。我和我妈发誓，我没有和他谈恋爱。我妈半信半疑，说好不再提这个事，我也答应和那个男生保持距离。”

“可是，前天是那个男生的生日。我生日的时候，他都送了我礼物。他过生日，我却没有准备礼物。但男生说，没关系，他买了个蛋糕，晚自习后，让我和他一起到操场上陪他吃蛋糕，吹生日蜡烛，就行了。我想了想，老师已经把我们的座位调开了，我也答应妈妈，少和他来往。这可能是我们毕业前最后一次在一起聊天了。再说，他远离家人，也没有特别要好的朋友，所以，我不忍心拒绝他，便答应了。这只不过是一次好朋友之间再正常不过的社交。结果，被别人看见，报告给老师，老师又打电话告诉我妈，于是，昨天晚上，为了这事，我们大吵了一架。我妈说我没诚信，不遵守承诺。我说，我只答应你少来往，没说不来往。怎么就没诚信了？我妈还骂我，一个女孩子不懂得自重，大半夜和男生单独相处，还要不要脸？我说，我们只是一起吃了一个生日蛋糕，聊了会儿天，什么都没做，怎么就不要脸了？唉，我妈还说了好多更难听的话，我都不好意思说。我吵不过她，一气之下，就冲出了家门。要不是我妈跑出来，死死地把我拉住，我真的就再也不想回那个家了。”

“所以说，你被所有人冤枉了。”温韵总结道。她选择相信叶青儿的话。

“是的。”叶青儿肯定地说。

“那么，这些冤枉你的人，你觉得谁带给你的伤害更大呢？”

“我知道同学和老师会误会的。我也不怪他们，确实我和那个男生的关系很容易被误解。”叶青儿吸了口气，接着说，“可是我不能容忍我妈妈误解我。”

“你刚才都说你的行为很容易让人误解了，那你妈妈也不例外呀。”

“可是,她是我妈妈,她应该比别人更了解我。我都和她说了，不是那种关系，她为什么不信我呢？还骂得那么难听。”

“你妈妈骂人肯定不对，她伤害了你的自尊心。”温韵先给她一个支持，让她的怨恨有所释放，感受到这个世界上还是有人在关注她的真实感受，理解她的委屈。

“她总是这样，一不顺她的意，就胡乱地骂人。”

“这个问题，我会和你妈妈好好谈谈，希望她以后可以有所改变。”温韵说，“不过，一般家长对这样的事情都比较敏感，你又没告诉她真相，她反应才会有些过激，在这种情况下，你能理解她一点吗？”

“她的确过分，骂得那么难听，但我还是可以理解她的。”叶青儿的语气缓和下来，情绪平和了许多。

“你真的不打算把这个事情的真实情况告诉你妈妈吗？”

“不，我答应了那个男生要替他保密的。”

“我很欣赏你的诚信。不过，你妈妈可能会一直误会你的。你有心理准备吗？”

“只要她不再出口伤人，我不会和她置气。”

“那就好。”

“温老师，这孩子真是气死人了。”叶青儿的妈妈屁股还没落在沙发上，便气鼓鼓地说，“本来上次从你这里回去，我觉得她情绪好了很多。当然，我也反思了自己，对她的事情不再自作主张，尽可能和她协商，我们的关系也缓和了不少。我还以为从此平安无事了，可是谁知道，她又出了这么一档子事。温老师，她已经和你说了吧？”

“对，她把事情原原本本地告诉我了。”温韵说。

“那她是不是早恋了？”叶青儿妈妈瞪着温韵，只盼望从她的嘴里听到两个字——早恋，为自己的行为找到确凿的证据。

“不是。”温韵直视着她，笃定地说。

“怎么可能？”叶青儿的妈妈睁大眼睛，心犹有不甘。好像证实女儿已经早恋比证明她的清白更重要，“她一定没有对你说实话。”

“我想，判断你女儿是否撒谎的能力我还是有的。”温韵平淡的语气中透着一丝讥讽，像深藏在棉花里的一根针。

“我不是怀疑你的判断。只是，这个事情，她们老师、同学都这么说呀。”

“都这么说，不代表事实就是如此。你是相信你女儿，还是相信别人？”

“我……可是……”叶青儿妈妈开始混乱，失去主张。

“我只能告诉你，你女儿有些事情不能说，因此，造成了老师和同学的误解。但我向你保证，她和那个男生的关系很正常，不是你想象的那样。”

“哦。”叶青儿的妈妈松了口气，脸上居然显露一丝笑意，“没有就好。其实吧，我也觉得叶青儿不太像在谈恋爱。整天不是校服就是运动装，裙子也不穿，头发也乱糟糟的，哪像谈恋爱的人。”

“那你还怀疑她？”

“还不是她们老师总给我打电话，搞得我很焦虑。”叶青儿的妈妈推卸责任，找了个替罪羊。

“假设，我就是假设，她就是和那个男生互有好感，你会怎么样呢？”温韵想探探叶青儿妈妈的底。

“我当然要不择手段地分开他们了。”叶青儿妈妈上身一耸，脖子一梗，不容置疑地说。

“你的不择手段包括口不择言地谩骂叶青儿吗？”

“我，我也没说什么吧？”

“是吗？”

“可能有些话是说得有些难听。那不是气急了嘛！”叶青儿妈妈抵赖不过，只好承认。

“俗话说，良言一句三冬暖，恶语伤人六月寒。你肆意发泄的那些话已经深深地伤害了叶青儿的自尊心，同时，也破坏了你们刚刚才有些起色的亲子关系。不然,叶青儿也不会冲出家门，想要离开。”

“她的脾气本来就有点怪。”叶青儿的妈妈辩解着。

“将心比心吧，青儿妈妈。如果你是叶青儿，被自己的妈妈那样对待，你会怎样呢？”温韵逼问她，“会内疚？会顺从？还是会感激？是你，你会吗？”

“我只有这么一个女儿，很怕她出事。我又是第一次遇到这种事，可能有些反应过激，做得有些过分。”叶青儿妈妈自始至终不忘为自己开脱。

“我也是做母亲的，能理解你的心情。”温韵表达了她的共情，以消解叶青儿妈妈的抵触情绪，“但是，教育孩子是需要选择恰当的方式方法的，不能简单粗暴，随心所欲。别说叶青儿没有谈恋爱，就算她有这个倾向，那也只能好好沟通，共同协商，一起找到大家都可以接受的解决方案。一味地责骂和殴打只会把孩子往外推，根本不可能解决问题。这种事情，现实生活中发生的还少吗？”

“温老师，你说得都对。可是，有时候我就是控制不住自己的脾气。”

“你看，你还说叶青儿脾气怪。其实，不客气地说，可能是你给她做了一个很坏的榜样。如果你是个通情达理、口吐莲花的母亲，相信叶青儿的脾气也不会怪到哪里去。”

“哦，我知道了。”

“那你能当着我的面，给叶青儿道个歉吗？因为，我觉得这样能减少一些你那些话对叶青儿造成的伤害。”

“这个……好吧。”叶青儿的妈妈犹豫了一下，还是答应了。

温韵走出去，把在客厅等候的叶青儿叫到咨询室。

“坐吧，你妈妈有话对你说。”温韵对叶青儿说。叶青儿下意识地坐在了温韵这边。

“青儿，妈妈冤枉了你，对不起。”叶青儿的妈妈放低声音说。

叶青儿眼睛盯着自己的手，没有反应。

“青儿，妈妈说你的那些话你别往心里去，都是妈不好，不该胡乱骂你。”叶青儿妈妈看到女儿依然无动于衷，有些急了，“真的，有温老师作证，妈妈保证以后不再骂你。”

“如果骂了呢？”叶青儿冷冷地说。

“骂了？”叶青儿妈妈被问住了，“那你说怎么办吧？”

“我不知道。”叶青儿也没有主意。

“这样吧，骂人罚款，骂一句罚五十元，多骂多罚。”温韵给了她们一个选择。

“可以，就这么办。你说行吗，青儿？”

“行。”

“那我对你也有个要求。”叶青儿妈妈说，“你能不能不要动不动就离家出走？”

“你不骂我，我就不会离家出走。”

“好吧，我尽力做到。”

“既然你们母女俩已经达成共识，那就拥抱一下吧。”温韵提议，她想趁热打铁，给母女俩一个修复感情的机会。

“来，青儿。”叶青儿妈妈热烈地响应，站起来，伸出双手，走向叶青儿。

叶青儿站起来了，转身想离开，却被她妈妈抓住，抱在怀里。可是，妈妈怀抱里的叶青儿却身体僵硬，双手紧握，护着前胸，挣扎着，一脸的嫌弃和尴尬。

看到这一幕，温韵不由地感慨：一个人的身体是最诚实的，它是情感最真实的表达。当一个孩子拒绝和父母有肢体上的亲密接触时，那就意味着孩子早已在心理上对父母产生了抗拒，因为身体是骗不了人的。喜欢一个人，才会愿意让他突破你的隐私距离，触碰你的肌肤。否则，即便有血缘关系，对于伤害过自己的人，淡漠了感情的人，身体是绝不会接纳的。不幸的是，有些父母并没有意识到这一点，也不在乎这些。他们仗着和孩子有着天然的血缘关系，总以为不管怎么对待孩子，孩子最终还是会爱父母和感激父母的。但是，殊不知感情这个东西，有时脆弱得经不起一句恶语的中伤，尤其是当这些话出自自己至爱的人之口时。心灵上的伤害摧毁了孩子与父母之间全部的情感连接，由此带给孩子的不信任感和不安全感，是长期的，有时，甚至需要一生来疗愈。

“你今天很漂亮呀！看起来气色不错。”温韵前倾着身子，微笑对叶青儿说。离上次见面，差不多有两个多月了。

叶青儿今天没有穿校服。一件桃红色的套头衫配浅蓝色的牛仔裤，面色红润，青春洋溢。这样的精神状态，不太像有心理困惑的样子，所以，温韵对她的来访有点诧异。

“嗯，挺好。”叶青儿脆生生地答道，面带笑意。

“和你妈妈没再发生什么冲突吧？”

“小冲突还是有的。不过，还好吧，我懒得和她计较。”叶青儿甩甩头发，一副大人不计小人过的超然。

“你现在不和她计较？怎么想通的？”

“唉，她就是那么个人。怎么说呢？我知道她爱我，就是太自以为是。不过，她现在也改了不少了，没那么暴躁，还比较尊重我。所以，我也尽可能不和她发生冲突。”

“这挺好。看来，你们母女俩都有进步。”

“嘿嘿，还好吧。”叶青儿抚弄着头发，有点不好意思。

“那你这次来，是想得到什么帮助呢？”

“嗯……”叶青儿抿了抿嘴唇，向温韵靠过来，轻声地说，“我认识一个男生。”说完，她的目光在温韵的脸上游弋，小心谨慎地观察着温韵的反应，似乎由此来判定下面的话，是说还是不说。

“哦，挺好的。你们学校的？”温韵刻意让自己的语气平淡、镇定。

“不是。是在网上认识的。”叶青儿暗暗地舒了口气，似乎得到了某种鼓励，决定说出来。

“网上？”温韵心里一颤，但是，没有表露出来。

“是的。在网上打游戏时认识的。”

“多大？做什么的？”

“学生，读高三。”

“你喜欢他？”

“也算不上吧，只是比较聊得来。”叶青儿没想到温韵会这么直接地问，变得扭捏，躲开了温韵的目光，极力保持一种不以为然，“他游戏打得很好，在网上是我师父，对我很照顾。”

“那你的烦恼是什么呢？”

“放假后，他想来见我。我不知道应不应该答应他。”

“那你想不想见他？”

“又想又不想。”

“那就说说想的理由和不想的理由。”

“我们在网上很投缘，我也很好奇他长什么样。再说，我怕拒绝他，他生气不理我，我就失去了这个朋友。不想呢，是有点害怕，毕竟他是个陌生人。而且，我妈要是知道我见网友，会骂死我的。”

“所以，你最后的决定是？”

“定不下来。温老师，你说我是见还是不见？”

“这个决定得你自己下。我不能帮你决定，但可以给你一些意见。”温韵说，“先评估一下你想见他的愿望有多强烈，是不是到了非见不可的地步。要知道，见了面，无非两种情形，一种是“见光死”，你做好心理准备没？另一种是感情更进一步。如果是后一种，你现在有没有时间和精力去维持和发展这段感情呢？”

“哦。”叶青儿点头，沉思片刻，“那我拒绝他，他会不会从此不理我？”

“应该不会。如果因为这个就不理你，那说明这个人有些问题，不做朋友也罢。”

“哦。我知道了。我再想想吧。”

叶青儿到底见没见那个网友？温韵有时会忍不住想。不管怎样，她都相信叶青儿会处理好这件事的。

父母控制欲的本质，是其“偏执”型人格的病态反应。现实生活中，一些父母常以“爱”为名，事无巨细地干预着孩子的生活、学习，甚至兴趣，一边高喊着“都是为了你好”，另一边把自己的价值观和喜好强加给孩子。这些父母对于孩子喜欢的事物，凡是自己认为“不好”，便反对；而自己认可的“好”，便强加给孩子。在父母看来，孩子就是不成熟的个体，他们还没有足够的经验和能力去识别那些真正对自己好的事情，所以需要监督。长此以往，就形成了一种控制与被控制的关系。在这种控制关系中，常规动作是压制与反抗，而结果往往是问题得不到解决，反而升级为亲子战争，最后两败俱伤。

第二章

楼顶上男孩的心理危机干预：被忽略 vs 求关注

“速到工作室来。有急事，救命！”中午，温韵才上完心理学专业的四节课，正准备去自己常去的那家米粉店，舒舒服服地吃午饭。在打开手机时，却看到了秦一佩在微信上留给她的这条信息。秦一佩是心理诊所的合伙人，也是心理咨询师。

“什么事？有这么急吗？”温韵自言自语地说，犹豫着。但，一想到秦一佩风风火火，总是一副世界末日就要来，赶着去救世的模样，她还是决定先回工作室看看。

“你可来了。”秦一佩一看到温韵，如释重负般，长舒了一口气，“还没吃饭吧？”

“看到你这么吓人的留言，我哪能吃得下饭？”温韵故意嗔怪道。

“吃不下就对了，真的是十万火急！”秦一佩一把抓住温韵的肩膀，把她按在沙发上。

“轻点，轻点，你是要拆了我吗？”温韵咧着嘴，叫着。

“不好意思，不好意思。”秦一佩放开温韵，自己顺势坐在了沙发的扶手上。笑嘻嘻地说，“那哪能呀，我可不舍得。我还有事求你呢？”

“什么事？说。”温韵看到她一脸的焦灼，也不再和她废话。

“昨天晚上，已经十点了，我正准备上床睡觉……”秦一佩回忆着。

深夜，秦一佩的手机突然响了。她一看，是个熟人，便接通电话。

“秦老师,你能过来一下吗？我在光华中学。”电话里的人说。光华中学是市里的一所私立中学。

“现在？太晚了吧？”

“我知道，真是不好意思。我儿子正在教学楼的楼顶上，死活不肯下来。”

楼顶！这个词一下引起了秦一佩的警觉，同时，也激起了她身为心理咨询师的责任感。她迅速地穿戴整齐，头发都来不及梳。好在是短发，用手捋了几下，便飞跑出门。在路边，拦了一辆计程车，直奔光华中学。

“你儿子在哪里？”见到男孩的母亲，秦一佩问。

“在这栋教学楼的楼顶。他说什么都不肯下来。”男孩的母亲说。

“多长时间了？”

“快一个小时了。”男孩母亲的语气中,透着无奈和焦灼,“真是急死人了。秦老师，您走这边，我带您上去。”两人走上大楼右侧的楼梯，进入大楼。

“出什么事了吗？他为什么会这样？”

“我也不清楚。他们老师打电话给我，说我儿子第二节晚自习时，不知道什么原因，突然跑到楼顶上大哭。哭完后，就呆坐在楼顶上。老师和同学怎么劝，也不下来。我到学校后还没有看到他，他不肯见我。”

“他爸爸呢？”

“在外地出差，正往回赶。”

两人上到六楼。迎面走来了一个中年男子，他对男孩的妈妈说：“子寒妈妈，你也不用太着急，您儿子的两个好朋友正陪着他。等他情绪稍微平静一些，兴许自己就会走下来。”

“冯老师，辛苦您了。这位是温老师，心理咨询师，我想让她来开导开导我儿子。”

“哦，那我找个同学问问你儿子，看他愿意吗？”

正说着，一个男同学从楼梯上跑了下来，说：“冯老师，我去给子寒倒点水。”

“他还是不愿意见我吗？”子寒妈妈问。

“嗯，他不愿见其他人，除了我和华王。”男孩说。

“我去倒水。你上去，问问子寒愿不愿意见一下心理咨询师。”冯老师说。

“哦，好的。”男孩转身上楼。

冯老师下了楼。秦一佩和子寒妈妈来到七楼，在楼顶的铁门外等着。

“这道门，你们学校平时不关的吗？”冯老师倒水回来，秦一佩问他。

“平时是关着的。不知道怎么的，今天打开了。”冯老师说，“结果，子寒就……”

秦一佩借着楼道里昏黄的灯光，仔细打量了一下冯老师。中等身材，微胖，头发已花白。黑框眼镜，衣着有些过时。可能因为担心子寒，严肃的神情中透着一些焦虑，但还没有给人慌张的感觉。秦一佩的直觉告诉她，这也许是一位很有责任心的老师，恪尽职守，无私奉献，但是，这样的老师也往往教育观念陈腐，个性固执，不谙人情。因此，常常和学生不在一个频道上，代沟很深，难以对话。这也许就是子寒也不愿意见他的原因。

“老师，我们劝了一下子寒，他答应见心理咨询师。但只允许心理咨询师一个人上去。”

“好吧。秦老师你自己上去吧。”冯老师说，“麻烦您把水带给他。”

“好。”秦一佩接过冯老师手中的水杯，跟在男孩的后面上了楼顶。

“老师，他在那儿。”男孩用手指给秦一佩看。

微弱的光线下，秦一佩隐约地看见一个男孩，坐在一块废弃的砖块上，缩在楼顶的一角。他双手抱膝，头埋在膝盖上，一动不动。有个女孩蹲在他的身旁，喃喃地说着什么。

秦一佩瞬间意识到，自己今天晚上要独自进行一场心理危机干预。心理危机干预是一种心理治疗方式，是指对处于困境或遭受挫折的人予以心理关怀和短程帮助的一种方式。她必须在短时间里让被干预者能正确理解和认识自己的危机，而这常常是深陷危机者所不能意识到的。所以，干预者可以通过倾听、提问等直接有效的方法，使被干预者释放被压抑的情感，并通过一定的干预措施来扭转其错位的心理。

秦一佩走过去，女孩站起身，对男孩说："子寒，心理咨询师来了。你和老师好好聊聊吧。"说完，和男同学走到楼顶的另一边，不安地向秦一佩这边张望。看来，还是有点不放心。

"看来子寒的人缘还不错，有两个这么关心他的朋友。"秦一佩心里思量着。对眼前这个沮丧的男孩有了一个初步的认知。

"你好，我是心理咨询师秦一佩，你可以叫我秦老师。"秦一佩蹲在子寒的斜侧面。她选择侧面而不是正面，是不想让子寒感到一丁点儿的压迫感。

子寒抬起头，没说话。沉默着用左手摘了眼镜，右手胡乱地摸了几把脸，似乎要拭去脸上残留的泪水。虽然看不真切他的面容，但秦一佩还是即刻感受到了他的悲伤和绝望。

"我感觉你很难过。不知道现在，你愿不愿意和我说说？"秦一佩说着，把水杯拿给他。

子寒接过水杯，默默地喝了几口水。秦一佩又递给他一张纸巾，耐心地等着他回答。

"嗯，愿意。"子寒低沉的声音有些嘶哑。

"现在已经很晚了，你冷不冷？要我给你拿件衣服吗？"秦一佩决定先走温情路线，也是给他一个思考的时间。

"不冷。"子寒轻声地说。

"听你的老师说，你自习课没上完，就突然跑到楼顶上来了。"

"嗯。"

"我能知道发生了什么事让你无法忍受吗？"

"没有。"子寒的断然否认，让秦一佩差点不知道如何继续这场谈话。

“是老师批评你了？还是没考好？或者和同学发生矛盾了？”秦一佩只好根据经验，设定几个最容易让学生情绪失控的情景供子寒选择。选择题是最省时省力的，所以，一般人们不太会拒绝。选择性提问，在心理咨询过程中可以较快得到答案。

“我不知道。就是突然觉得很难过，感觉自己要崩溃了。”子寒用手烦躁地抚弄着头发。

“要崩溃了？你能说得具体点吗？都有什么感觉？”秦一佩有点失望，她没有得到一个准确的答案。只好顺着子寒的话，耐心地询问。

“我突然喘不过气，想大喊，想砸东西，想逃离教室……”

“哦，这样。那种感觉一定很难受吧？”

“特别难受，让人窒息。”

“那，现在感觉好点了吗？”

“没那么难受了。”

“看来在你身上最近一定发生了许多不愉快的事，才让你情绪失控，对吧？”秦一佩说。

“我不知道，我不知道怎么说。”子寒抬起头，神情呆滞。

“没关系。你想说就说，不想说就不说。”秦一佩不想让他有负担。

等待了片刻，子寒依然保持沉默。

“你妈妈在下面，很着急，她挺担心你的。”秦一佩转移了话题，打起了亲情牌。不管曾经发生了什么，当务之急是把他劝下楼。

“她才不会。”子寒冷冷地说。语气中全是鄙夷，“她根本就不关心我。”

亲情牌宣告失败，秦一佩有些错愕。

“看来，你对你妈妈很有意见。那为什么不下去和她好好谈谈？”

“谈了也没有用。她改不了。”

“改不了？你指什么？”

“玩，天天打麻将！”

“哦，如果是这样的话，这是你妈妈的问题。不过，我想这个问题也不是没有解决的办法。我可以和你妈妈谈谈，希望她能意识到自己问题的严重性。还有什么其他问题，我们下楼找个地方，坐下来，慢慢聊，再一起想办法解决，行吗？”

“解决不了。”子寒淡漠的语气，比周围的空气还冷。想必子寒曾与母亲多次交锋，均以失败告终。所以，他心已死，情亦冷。

“能不能解决，试试才知道，不是吗？相信我，我是个心理咨询师。你这样的孩子我遇到过很多。我不能说把他们的问题全部解决了，但大部分问题是缓解了的。”

“再说，这么晚了，你一直待在楼顶不回去，似乎也不是个办法，对吧？”

“你看，你的老师和同学都这么关心你。你不下楼，他们也不能回寝室休息。我感觉你是一个很重情谊的孩子，你也不忍心看着他们陪你在楼顶挨冻吧？何况，明天还要上课。”

子寒抬头看了看远处的两个好友，转脸对秦一佩说：“老师，你跟他俩说，我没事，让他们先回去吧。”

“你不走，恐怕他们也是不会走的。大家都很担心你。”

“我心里堵得慌，快要爆炸了。我只是想找个开阔的地方，喘口气。”子寒说。

“我知道。你心里有委屈、愤怒，说不出来。我们可以约个时间，到心理诊所，好好聊聊。但是，今天真的是太晚了。”秦一佩听出子寒语气中的犹疑，便尽可能地表达自己的真诚，希望子寒可以体会到，“不过，你如果想现在就说，我也可以陪你。”

子寒似有所触动，抬头看了一眼秦一佩，深深地叹了口气。

“我再待一会儿，就下去。”子寒轻轻地说。

“好的，我陪你。”秦一佩松了口气，危机终于暂时解除。她一直悬着的心，也缓缓地落了下来。

大约五分钟后，子寒慢慢站了起来，身子有些摇晃。秦一佩赶紧抓住他的胳膊，扶他站稳。静立了片刻，子寒说：“谢谢，我没事了。”

这时，子寒的两个好朋友跑了过来，一边一个，拉着他说：“我们回寝室吧，子寒。”

“老师,我不想看到我妈妈和冯老师。你先下去,让他们先走，行吗？”子寒对秦一佩说。

“好吧。”秦一佩只好先下楼。向冯老师和子寒妈妈转达了子寒的话。两人神情有些尴尬，但也没有说什么，便先下楼了。不一会儿，子寒和他的朋友也慢慢地走了下来。

秦一佩跟在三个人后面，看着他们进了寝室，才转身离开。

走到校门口，看到子寒妈妈还在那里张望，蜷缩成虾状的身子，微微颤抖。

“一佩，麻烦你了，谢谢。”子寒妈妈满怀歉意地说。

“不客气。只是你儿子的状况不太乐观。”秦一佩忧虑地说，“今天只是暂时地劝下来了，但根本问题并没有解决。你们最好约个时间来心理诊所，做个正式的心理咨询。”

“你是说我儿子的心理问题很严重？”子寒妈妈不解地问。

“现在还不好说，到诊所做个筛查，详细了解后才能下判断。”

“哦，那我下来和他约个时间。”

“嗯，最好征得子寒的同意。如果他不愿意，暂时也不要强求。”

“为什么？”

“心理咨询是助人自助。如果来访者抵触、不配合，是很难有效果的。”

“好吧。我好好和他说说。然后，再联系你。”

“今天上午，子寒的爸爸回来了。征求了子寒的意见，他愿意做心理咨询。想下午就过来。”秦一佩讲完了自己的昨夜惊魂，对温韵说，“我知道你下午没课，也没安排咨询，所以，希望你给他做。他们一点半就要过来。只请了一节课的假，做完咨询子寒还得回去上课。”

“你为什么不给他做呢？”温韵问她。

“我和他父母太熟了。本着熟人回避的原则，所以，我把他转介给你。”秦一佩说。

“哦，好吧。我来做。”温韵答应了。秦一佩的理由无可辩驳。

下午一点，子寒妈妈带着子寒来到诊所。在沙发上坐定后，秦一佩给他们介绍了温韵，简单说明了一下自己不能给他们做心理咨询的原因。

子寒和他的妈妈没有提出异议。于是，小麦就把《心理咨询知情同意书》拿给子寒妈妈签字，把《来访者登记表》和《症状自评量表SCL—90》给子寒填写。

“这个‘自杀、犯罪不能保密’，是什么意思？”子寒妈妈停下笔，问小麦。

“如果来访者有自杀的念头或者他有犯罪计划和行为之类的危险行为，我们是不能给来访者保密的，但其他隐私是一定会遵守保密原则的。”小麦说，“还有，就是预约时间后，你们一定要准时。否则,错过的时间也是会算费用的。如果有特殊情况，可以提前说明，另约时间。当然，这个要求对心理咨询师也是一样的。”

“哦，知道了。”

小麦把所有前期工作做完,把文件夹递给温韵。温韵接过来，翻开文件夹,看了一眼子寒在《症状自评量表SCL—90》上的得分，发现他在9个分量表中有6个(躯体化、强迫症状、人际关系敏感、抑郁、焦虑、敌对）阳性数目较多，显示有“病状”。看来，子寒的心理健康状况不容乐观。

然后，她站起身，对子寒说：“子寒，我们先聊聊吧。你跟我来。”

温韵打开一个咨询室的门,让子寒先进去,对他说:“随便坐，坐哪边都可以。”

子寒挑了角落里的沙发坐下。他微缩着身子，前倾着，只坐了沙发的三分之一；双手相握，放在自己的双腿之间，右手不安地搓着左手的食指；镜片后的目光在温韵的身上游走，一副似是无所谓，其实很凌乱的样子。其实，从他和他妈妈一走进诊所，温韵对他的评估就开始了。这是一个内心敏感、脆弱又执拗的孩子。

“不要紧张，你可以坐得舒服点。”温韵温和地对他说。

听了温韵的话，子寒扭动了一下身子，往后挪了挪，神情稍微放松了一些。

“心理咨询你可能也知道一点。它像聊天，但又不是聊天。因为心理咨询师的谈话是有一定章法的，会基于一些心理学理论，采用许多心理咨询的技巧，更快地帮你找到导致心理问题的根本原因，必要时也会给你一些建议，所以不像与朋友或其他人聊天那么简单和随意。”

“哦。”

“而且，我希望你保证和我说的都是实话，而且不要有所隐瞒。否则，就会影响我的判断，那我们可能就找不到心理问题产生的根源，也就没有办法解决你的心理问题。你明白了吗？”

“嗯,我知道。”子寒的回答倒是干脆。温韵也从这个回答中，感受到了子寒想解决心理问题的迫切心情。

“不过，你也不用担心。你所说的一切，我都会替你保密的。因为你的情况我还要和你父母交流，所以，你的有些事情如果不想让父母知道的，和我说一声，我也会替你保密的。”

“哦。”

“那么，你决定来做心理咨询，最想解决的问题是什么？”温韵问。

“心情不好，学不进去，不想见人。”

“你是一直心情不好，还是最近心情才不好的？”

“好像是上了初中后，心情就一直不太好，而最近是特别不好。”

“怎么个不好法？”

“觉得特别地憋闷，喘不上气，想大吼、砸东西、打人……反正，就是高兴不起来。”

“这种状况持续多久了？”

“大半年了吧。”

“最近发生过什么特别的、让你伤心的事情吗？”

“没，也没有。”子寒的语气有些犹疑。

心理咨询的初次谈话，来访者一般戒备心比较强。这也能理解，如果没有建立起良好的信任关系，任何人都很难吐露心声，即便是自己的亲生父母。

“哦，你先给我描述一下你的生活状况吧。”温韵试着慢慢靠近他，获得他的信任。

“哪方面？”

“哪方面都可以，学习、交友、家庭生活……想到什么就说什么吧。”

“父母忙着做生意，我从小是跟爷爷奶奶一起生活的。”子寒慢悠悠地说。

“爷爷奶奶虽然对我很好，但是，每次看到别的孩子和自己的爸爸妈妈在一起欢乐的情形，我就特别羡慕，也很痛苦。我是多么渴望和爸爸妈妈生活在一起。每次开家长会，别人都是爸爸或者妈妈参加，而我永远是爷爷或奶奶去。我也曾对爸爸妈妈说，我想要和他们一起生活。可他们总说，要挣很多的钱，给我更好的生活。可是，他们就是不知道，我不想要什么更好的生活，我就想要一家人在一起快快乐乐的。时间久了，失望的次数多了，我也就麻木了。他们回不回来，我也无所谓了。读初中时，一家人倒是团聚了。可是，我爸爸依旧是忙，整天看不到人影。我们家就好像只有我和妈妈两人，冷冷清清的。我妈美其名曰全职照顾我，但是，我需要她的时候，她却经常在麻将桌上下不来。记得初二住校时，有一天晚上，我发烧了。我给我妈打电话，让她来接我回家。她说她三缺一，走不开，让我自己先吃点感冒药，好好睡一觉，明天再来看我。高一时，我和同学打篮球，脚崴了，很痛，下不了楼。我打电话叫我妈妈中午给我送点吃的，我妈妈说她有事，过不来，让我自己请同学帮忙。可是，我从电话里听到那边有打麻将的声音。从此，我的心就冷了。”

“我觉得他们根本不爱我。”最后，子寒用一句话给自己和父母的感情判了死刑。

青春期孩子的情绪状况其实折射出了父母的情绪偏差。如果父母处在焦虑的情绪状态，就很容易急躁或缺乏耐心，往往以命令或打骂的方式教育孩子，让孩子感受到被控制、被束缚；如果疏忽粗心，忽略了孩子的情感需求，孩子就会觉得父母不在乎自己。不管是哪种情形,孩子都难以感受到父母的爱。所以，父母的爱,需要在了解孩子心理特点的基础上,智慧地表达出来。

“我也知道打麻将不好。有时还忽略了子寒。”子寒妈妈说，“可是，我就是控制不住自己。一到了下午，或者我的那些朋友一叫我，我就像热锅上的蚂蚁，心里痒痒的，什么也干不了，非要去打一场才行。一上麻将桌，肯定一时半会儿是下不来的。”

“你一直都很喜欢打麻将吗？”温韵问。

“其实也不是。子寒上高中以前，我是不打的。”

“哦，后来怎么就沉迷了呢？”

一般来说，人们沉迷于某种事物或活动，有积极的沉迷，如沉迷科学研究或读书；也有消极的沉迷，如沉迷赌博和游戏。消极的沉迷往往是因为人们在现实生活中得不到满足或者没有价值感。依赖某种物质，是为了摆脱一些无法承受的感觉，借以逃避不堪的现实。想必，子寒妈妈内心深处一定有不为人知的苦衷。

“唉，怎么说呢？”子寒妈妈叹了口气，低着头，沉默着。温韵没有说话，耐心地等着她的下文。毕竟，有些隐私要想说出口，是需要信任和勇气的。

“那年子寒 11 岁。”子寒妈妈缓缓地说道，“想到儿子再有一年就中考了，我就和老公商量，决定从我俩一手创建的公司离开，回归家庭，照顾子寒。一年后，儿子顺利地考上了初中。我本来想再回到公司，做回本行。但我老公说，他不想我太辛苦。再说，儿子虽然平时住校，但周末回家时，父母都在外忙生意，家里冷清清的，也不太好。我想想，也是，就决定安心在家做全职太太。

“子寒上初二的一个星期天下午，天气特别好。我们把子寒送到学校后。我对我老公说，我们好久没有一起去公园了。反正，现在离晚饭时间还早，不如先去公园逛逛。正当我和老公手挽手走在公园的步行道上，一个二十岁出头的女人迎面走过来，她笑着对我老公说：‘表哥，表嫂，你们也来公园玩了。’

“我一下蒙了，这个女人是谁，为什么会亲热地叫我老公表哥。

“‘哦，我给你介绍一下，这个是我的表妹——许素素。’老公对我说。虽然老公当时的神态还算正常，但是，不知怎地，我却感到有一丝的不安。

“‘啊，你好。’我木然地回应着。

“‘我为什么不知道你有这么一个表妹？’回到家后，我问老公。

“‘一个八竿子打不着的远房亲戚。前年从农村出来，非要认我做表哥，我只好在公司随便给她安排了一个工作。’

“‘那怎么没听你提起？’

“‘不是很亲的亲戚，我也没当回事。一忙起来就忘了，再说，她没干满一年就辞职了。’

“‘为什么辞职？’

“‘我哪知道，也没问。可能嫌我们公司钱给得少吧。’

“‘你这个表妹长得挺漂亮的，不太像是农村出来的。’

“‘是吗？我没太在意。平时接触不多。’

“三个月后的一天，我闺蜜在微信上对我说，看到我老公和一个年轻的女人，抱着一个差不多一岁的孩子，在医院看病。

“‘不可能。’我说。

“‘我有证据。’她说。随即就发了一个小视频给我。我点开一看，竟然是我老公和许素素。我当时脑子里一片空白，瘫软在沙发上，直到我老公回家。

“‘你怎么了？生病了？脸色这么难看？’他轻声地问我。

“‘这是怎么回事？’我一边点开手机视频，给他看，一边死死地盯着他的脸。他的脸色果真变得很难看。

“‘你居然跟踪我？’他怒吼着。

“‘你没做丑事，还怕别人跟踪吗？’我毫不示弱。

“‘我做什么丑事了？许素素老公在外地出差，孩子病了，找我这个表哥帮忙，有什么不可以。’他理直气壮地说。

“‘她为什么不能找别人？’我的语气开始软下来。

“‘她从农村出来的，时间也不长。在这个城市既没有亲戚又没有朋友，只和我比较熟，不找我找谁？’

“‘我又不清楚她的情况。再说，我可没有跟踪你，是朋友发给我的。’我赶忙解释着。

“‘那你也不能胡乱猜忌呀。’

“‘好吧，好吧，是我不对。对不起，我道歉。’我说，‘你先休息一下，我马上去做饭。’

“我想，我真的是多虑了。老公平时对我一直体贴入微、百依百顺。且不说生病时精心照料，端水喂药。就是平时，也常常抢着做家务。尤其是到了冬天，都不让我洗菜做饭，怕我的手生冻疮。那时，身边不知道有多少姐妹都羡慕我，找到了一个这么好的男人。这么好的男人怎么可能出轨？我对他的猜忌无疑是侮辱了我们之间的爱情，我很是自责了一阵。

“半年后的一天，警察突然找上门来，要调看我老公的行车记录仪。说是一天前的深夜，在本市的龙湖小区发生了一起汽车偷盗案。路边的视频监控拍到我老公的车驶进该小区，他车上的行车记录仪有可能拍到了当时正在行窃的小偷的影像。因为老公出差,我就把行车记录仪拿给了警察。记录仪上竟然显示，老公经常出入龙湖小区。等警察走后，我起了疑心。因为，那天老公明明和我说，是和朋友到郊外钓鱼去了，怎么会出现在城市另一边的龙湖小区？

“这个疑惑像根鱼刺扎在喉咙里，咽不下去，卡得难受。于是，我悄悄地跑到龙湖小区，漫无目的地寻找。我想找到什么，可又害怕找到，但又不甘心不明不白地放弃。然而，第二次去的时候，我特意到小区的儿童游戏区蹲守，看到了一对母子走过来，居然是许素素和她儿子。尤其是她的儿子，当时的模样，简直和我老公小时候一模一样。我当时，像被雷劈了一样，脑子一片空白。反应过来后，我颤抖着手，偷拍下她们母子的照片。那天，我都不知道自己是怎么回家的。人像踩在一团云上，全凭着本能，才没有走失吧。

“晚上，老公一进家门，我就和他摊牌了。他看到手机里的照片，见再也瞒不住了，只好承认。他跪在我面前，请我原谅他。说是某天公司聚会，喝醉了，不小心和许素素发生了关系。可是，有了孩子，又不能不管。知道我晓得了他们的事，会受不了，所以，只好极力隐瞒。我说我要离婚，可老公不同意离婚。他说他依然爱我，对许素素只有责任。让我相信他，他一定会解决好这件事。”

“后来，这事解决了吗？”温韵问。

“如果解决了，我也不会是现在这样。他总是找各种借口，拖着这事。一会儿说孩子现在有病，不能不管；一会儿又说许素素不干，不能把她惹急了，怕她做出出格的事。周围的亲人和姐妹也劝，为了孩子，忍一下吧。可谁又知道我心里有多苦？一个你最爱、最信任的人做出最伤害你的事，还有比这更残忍的吗？”子寒妈妈悲愤地说，泪水夺眶而出。温韵急忙递给她一些纸巾，无言地注视着她。

“时间久了，我也麻木了。”子寒妈妈擦干眼泪，揉搓着纸巾，抿着嘴，倔强地说，“我也要潇洒快乐地活着。所以，为了消磨时间，不再想这些糟心的事，我听从闺蜜的建议，打打麻将。谁知不知不觉地就沉迷其中。不瞒您说，温老师，有一段时间，我都觉得自己好像得了抑郁症。后来迷上麻将,加上姐妹们劝我，似乎好多了。”

“我能理解这段婚姻带给你的伤痛，可是，你采用了一种逃避的方式来解决婚姻的问题，结果，孩子承受了不幸婚姻的恶果。”温韵严肃地说。

家庭其实就是一个系统，一个整体。在一个家庭中主要存在着父母、父子和母子等次系统，最持久的次系统是配偶、父母、手足次系统，而夫妻次系统是基础，会影响到整个家庭的功能结构。由于夫妻次系统出现了问题，这个家庭的各种功能，尤其是教育功能、情感交流功能等便不能正常地发挥作用，孩子就会因为教养不当，出现各种心理问题。因此，孩子的心理出现问题就预示着整个家庭系统运转不良。也就是说，每个问题孩子的背后一定有一对或至少有一个问题父母，有一个功能失调的家庭。因此，只有家庭功能得到一定程度的修复，孩子的心理问题才会慢慢缓解，乃至康复。

“对了，这些事，子寒知道吗？”温韵问。

“不知道。就是为了他，我才忍着没有离婚。”

“那你就打算一直这样过下去吗？”

“不知道。反正,我已经想好了,等子寒考上大学,我就离婚。不管他解决没解决，我是不想再和一个虚伪又恶心的男人在一起了。”子寒妈妈的脸上沮丧又决绝。

“你们这样的家庭氛围，对子寒的影响无疑很大。”温韵说，

“嗯，我以前忽略了。只顾着自己难过、伤心，逃避痛苦，对子寒关心不够。自从上次的事情以后，我也反思了自己，尝试改变。我不能再这么委屈自己了，如果老公还不收心，我就和他一刀两断。不管怎样，我都要好好生活，陪伴子寒健康长大。”

“嗯，想清楚了就好。”温韵说，又问，“他们父子关系如何？”

“一般。他爸爸一直忙事业，很少陪子寒。两人现在交流很少，也说不到一块。”

“下次，应该叫上子寒爸爸一起过来。”

“我只能试试，他不太相信心理咨询。”

“哦，还是尽力说服他吧。”

“你今天看起来，比上次精神了许多。”一月后，坐在温韵对面的子寒，一件浅灰色的 Polo 衫套在白色 T 恤外面，显得很斯文。他脸上的神色很平静，听到温韵这么说，有一丝笑意在嘴角闪过。

“最近感觉怎么样？”

“还好吧。”子寒说，“就是睡眠有点不太好。”

“睡眠不好？是睡不着、早醒，还是容易惊醒？”

“都有点。”

“那白天多做点运动，睡觉前听听音乐，闭上眼睛就不要想一些烦心的事。”

“嗯。”

“白天精神如何？”

“还行。”

“哦。现在还在怨恨父母不在乎你吗？”

“无所谓。反正，我爸爸还是一直忙。我妈好些了，麻将打得少了。”

“那你的情绪好些没？”

“时好时坏。”

“哦？那让你情绪不稳，时好时坏的原因是什么呢？自己有觉察过吗？”

“我……”子寒低下头，小声地说，“我很害怕看到一个人，看到那个人，我的心情就会很差。”

“一个人？男的还是女的？”

“女的，我班上的。”

“为什么？你们之间发生了什么不好的事吗？”

“她是我的初恋，才分了手。”子寒抬起头，看着温韵，“你见过，那天在楼顶的那个。”

“那个女孩？这么说，那天你跑上楼顶，也是因为她？”

“不全是吧。当时，就是感到很烦躁，憋得慌，在教室里待不下去了。”

“你愿意给我讲讲你们之间的故事吗？”

“一开始，我俩坐同桌。她成绩很好，人也很善良，总是在我走神的时候，提醒我要专心听讲。有一次，我胃突然很痛，她急忙找了个男同学，把我背到医务室。晚饭时，还到食堂给我打了稀饭和馒头。从那以后，她总是监督我，不准我喝冷水，要按时吃饭。”子寒缓缓地讲着，脸上浮现出少年特有的欣喜和羞赧之色，“我也不知道从什么时候开始，就喜欢上了她。每天，只要看到她，和她在一起，不管做什么，都很快乐。而且，我感觉她也很喜欢我。所以，在她生日的那天，我送了她一个她最喜欢的水晶球。同时，还给她写了一封情书，向她表白了。她答应了，然后，我们就在一起了。”

“这是一段很美好的感情。”温韵说。

子寒没有说话，只是很讶异地看了温韵一眼。也许，温韵是第一个这样正面评价他这份情感的成年人，他有点不敢相信。

“那你们在一起的时候应该很快乐。”

“嗯。”子寒突然又想到了什么，急忙辩解道，“我们可什么都没做。只是一起做作业，偶尔一起逛逛街、看电影。”

“我知道。”温韵笑着说，“初恋总是美好的，简单又纯洁。”

“嗯。”子寒点了点头。

“可是，为什么会分手了呢？”温韵问。

“班主任冯老师告诉了她的父母，她父母不准许我们交往。她承受不了父母的压力,就向我提出了分手。”子寒愤恨地说,“冯老师也把我俩的座位调开了，警告我们不要谈恋爱。”

少年的爱情常常被老师和父母视为洪水猛兽，好像少年对异性的爱恋是一件多么丑恶又十恶不赦的事。他们忘了自己年少时也曾对异性有过美好又纯真的情怀。爱慕异性是人天性的自然表达，是人之常情，并没有被世俗污浊了的成年人臆想的那么不堪。通常，老师和父母把爱情与学业视为一对势不两立的死对头，而实际上，正确的引导，可以让爱情成为学业的加油站，让学业有了精进的动力源泉，鼓舞少年们勇往直前，实现梦想，做最好的自己。

难怪那天晚上，子寒连冯老师也不想看到。想必冯老师的棒打鸳鸯寒了他的心。

“他们这样做让你很愤怒吧？”

“我恨他们。”子寒冷冷地说，“其实，我们知道，我们现在的任务就是学习，也相约要考上同一所重点大学。所以，在一起也没想要干什么，只是聊聊天而已。”

“大人们有时候的想法，确实有些自以为是。”

“现在，我一进教室，很想看到她，也怕看到她。”

“为什么怕看到她。”

“看到她，心里就会难过。”

“难过是因为什么？”

“嗯……说不清。”

“委屈？不甘？舍不得？还是有些埋怨？”

“都有点吧。”

“看来你对她的感情还是挺深的。”

“可能是吧。”

“不过，可以换一个角度看这件事，暂时的分开，你可以看作是对你们这份感情的考验。如果你们彼此心里都有对方，也不是完全就没有机会了。以后上了大学,或许能考到同一所学校，也可以重续前缘，一定还会在一起的。”

“真的会吗？”

“朝着那个方向努力，就会有希望。不管怎样，事情已经这样了。如果你一味地沉浸在痛苦中，是于事无补的。不如暂时忘掉这些不愉快，努力做好自己，未来才有能力，或者说有机会弥补遗憾，或许能如愿以偿。你说是吧？”

“嗯。”子寒若有所思地点点头。

“温老师，不好意思。”子寒妈妈对温韵说，“我没有说动子寒的爸爸，他不愿意来。”

“哦，没关系。”温韵说，“据你观察，子寒的状态有改善吗？”

“比以前好多了，谢谢温老师。”子寒妈妈说，“我现在很少打麻将，尽可能地陪他。他需要我时，我基本可以及时出现在他身边。他现在和我的关系缓和了许多，有时，还和我说说学校的事，就是偶尔还是乱发脾气。”

“在什么情况下？为什么？”

“有一次，他玩我的手机。正好，我朋友给我打电话，他就顺手接了。结果，一听到对方的声音，就把手机给扔到地上，摔烂了。因为他听出了那个声音是经常叫我打麻将的人的。”

“可见，你经常打麻将，给他造成了多么大的伤痛。他已经到了条件反射、反应过激的地步。”

“唉，我也没想到我伤他这么深。”子寒妈妈懊悔地说。

“那就耐心点吧。子寒需要时间来调整自己的心态，这个过程可能会有反复。”

“哦，我知道了。”子寒妈妈答应着，“对了，温老师，子寒早恋的事，他跟你说了吗？”

“说了。你们是不是很反对？”

“我们倒没有，是女孩的父母坚决反对。所以，这件事对子寒的打击很大。”

“可是，你们有没有想过，为什么子寒会深陷其中，无法自拔呢？”

“子寒本来就是个敏感、脆弱的孩子，对感情认真又执着。”

“这只是原因之一。据研究发现，越是在家里感受不到关爱的孩子，会越早地和异性发展亲密关系。而且，失败后，也陷得越深。因为恋爱时的那份温暖和甜蜜是他在家庭中严重缺失的，却是一个人成长中不可缺少的。因此，很容易被视为生命的一切，当救命稻草一般，失去了，就沉了。子寒现在就是这种状态。所以，你们做父母的要及时填补他的情感空缺，才不至于让他孤立无助，情感无所依托，走不出情感的漩涡。”

“好，我明白了。温老师，我知道该怎么做了。”

第三章

停不下来的臆想：广泛性焦虑 vs 强迫思维

十点整，秦一佩的来访者到了，一个瘦、高、帅气的男孩和他的父母。男孩叫辛梓杨，独子。父亲经营一家物贸公司，母亲开了一家休闲会所。

辛梓杨穿了一身运动装，和父母忧心忡忡的神色不同的是，他的神情倒还平静，像是来串门闲聊的，不像是来求助的。秦一佩不易察觉地微微皱了下眉头，凭经验，她知道这个男孩或许是应父母的强烈要求才来的，自己对心理咨询并没有太大的渴求。从他颇不以为然的样子，可以猜到，他可能根本就不相信心理咨询能解决他的问题。这样的来访者的咨询效果往往不会太理想，因为配合度太低。毕竟，心理咨询的本质是助人自助。如果一个人不信任心理咨询师，不认可心理咨询师的理念，不配合心理咨询师的指导，那么心理咨询是没有办法发挥它应有的疗效的。

坐在咨询室里，辛梓杨双手插在衣服口袋里，斜靠在沙发扶手上，眼睛直视着秦一佩，一副“我就这样了，看你有多大的本事”的不屑神态。

“你这次来，主要想解决什么问题呢？”秦一佩把常规的开场白说完后，直奔主题。

“不想再害怕、担心吧。”辛梓杨漠然地说。好像这些消极的情绪是别人的，与他无关。

“那你一直在担心害怕什么呢？”

“总害怕将要发生的事情，自己做不好，有不好的结果。”

“主要是些什么事？”

“所有的，学习上的、生活上的……”

“你能举个具体的例子吗？”

“例子？比如，下个星期就要举行年级篮球比赛了，我现在就非常担心、害怕。”

“你不擅长打篮球吗？”

“我擅长呀，我是我们班的绝对主力。”

“那你担心什么？”

“我担心自己不能带领班上的同学赢得好成绩。因为我已经夸下海口，要带领他们夺得冠军。可是，我发现班上其他同学的篮球水平一般，也怕自己到时候发挥不好。”

“你可以带领同学们加强练习，尽自己的努力就好。结果没那么重要。”

“知道，这个道理我懂。可我就是担心，吃不好，睡不好，胸口闷，特别不安。上课也听不进去，练球也没劲。我不想去面对老师和同学，既想快点打比赛，又害怕打比赛。心理老师说，我这是过度焦虑。”

焦虑本是人的一种正常的情绪状态，比如当学习和工作压力过大时，尤其是面对人生的重大抉择时，人常常会有紧张不安、提心吊胆，恐惧、害怕、忧虑等情绪体验。如果焦虑时间较短，是不会给人造成伤害的，但如果这种情绪状态持续过久，就会出现生理上的一些症状，如头晕、胸闷、心悸、呼吸急促、口干、尿频等，这便是过度焦虑。过度焦虑导致人们的社会功能受损，不能正常地学习、生活和工作，人们难以忍受却又无法解脱，十分痛苦。

“你这样的情绪持续有多久了？”

“从开学以后开始，三个多月了吧。”

“那你能告诉我，三个多月前，发生了什么事，导致你出现这样的情绪？”

“唉，又要再讲一遍。”辛梓杨不耐烦地说，下意识地朝秦一佩翻了一个白眼。

“再讲一遍？你曾经和谁讲过吗？”秦一佩不介意他的态度。接待一个有心理问题的半大孩子，需要足够的耐心和爱心。

“是呀，我和我妈说过，和班主任说过，也和学校的心理老师说过。”

“她们都没有帮到你吗？”

“没有。”

“为什么没有？”

“他们净讲些大道理，我都明白。但我就是做不到。”

“那你愿不愿意再讲一遍，看我能不能帮到你？”

“你可不要再说那些大道理，对我没用。”辛梓杨居然警告起秦一佩来。这让秦一佩的心里“咯噔”一下，看来，碰到“硬茬”了。

“心理咨询只会帮助你找到产生心理问题的可能的原因，协助你自己找到解决的办法，不会像班主任那样给你讲大道理。”

“好吧，我再说最后一遍。”辛梓杨像恩赐秦一佩似的，开了金口。

“那得从我军训说起。军训时，我身体素质好，长得高，一直是班上的标兵,站在队伍的第一排第一个。军训快结束的时候，年级举行联欢会。带队老师让我上台去唱首歌，我就上去唱了首《菊花台》，但是没有唱好。台下，有的同学乘机起哄，说我的《菊花台》垮掉了，完全垮掉了；调调都跑到学校外面去了；等等。当时，我很生气，也很沮丧。”

“后来，后来又发生了一些什么特别的事呢？”辛梓杨歪着头，想了一下。

“应该是上个月的运动会。那天，是我们年级的 4×100 米接力赛，我跑最后一棒。一开始，我们班就落在了最后面。当我作为最后一棒跑过主席台的时候，班上好多女生都在那里看着，我觉得自己特别地丢脸，恨不得找个地缝钻进去。

“再有就是一周前的一次班会。老师让我们以小组为单位，举行主题为《最美的青春》的演讲。我是我们小组的主要发言人，可是，还没等我们小组上去讲，就下课了。我很懊恼，我们精心准备了这么久，尤其是我，把演讲稿都背得滚瓜烂熟了，却没有机会展示。我去问班主任,为什么不让我们小组讲。老师说，会给我们机会讲，但是得等下一次班会。我等不了，可现在我什么也做不了，只有等待。等待让我心焦，让我的信心一点点流失，我真的好烦呀！现在，我越来越担心，担心自己到时候能不能做得如同自己期望的那么好。现在，对自己最有自信的篮球比赛也没有多少信心了。”

“为什么这么渴望上台演讲？”

“这个，我不知道。”

“会不会是你觉得唱歌和跑步没做好，希望通过这次演讲挽回一些自己曾失去的脸面？”

“嗯……是吧。”

“我能理解唱歌、跑步比赛带给你的打击。不过，我想知道的是，相比较而言，失败的结果和失败后别人的看法，哪个更让你害怕？”秦一佩问辛梓杨。

“应该是失败后别人的看法吧。”辛梓杨想了想说。

“我注意到你在讲接力比赛的时候，特意地提到女生。我是不是可以理解为你特别在乎自己在女生心目中的形象？”

“那肯定了，哪个男生不在乎自己在女生心目中的形象呢？”

“那你在班上有特别在乎的女生吗？”秦一佩单刀直入。

“嗯……有吧。”辛梓杨犹豫了片刻，还是承认了。

“所以，你急于通过演讲，来提高你在班上同学尤其是女生心目中的形象？”

“是呀。我觉得我在班上同学中的形象不够好，我受不了。”

“看来你很在乎面子？”

“男生嘛，总是好面子的。”

“可是，形象的塑造是一个长期的过程，是不能急于一时的。就算失败一两次也没有什么大不了的。再说，别人没有你想象的那么关注你。”

“我知道。可是，我现在就是控制不住自己，总是不停地想，如果篮球比赛失败了，别人会怎么想我？我不能再失败了。”

“你有想过自己为什么那么在意别人的看法吗？”

“我不知道。就是特别在意，没有办法不在意。恨不得篮球比赛明天就比，比完了，也许我就不那么焦虑了。”然后，辛梓杨又不确定地说，“不，也许我又会担心其他的将要发生的事了。”

“是呀，你自己也明白，不是因为将要发生的事情让你焦虑，而是不管将要发生什么，你都会焦虑，习惯性地焦虑。你明白我的意思吗？”

“嗯……不太明白。”

“这样吧，我给你讲个故事。”看着辛梓杨一脸的疑惑，秦一佩说，“古镇上有一个老婆婆，她有两个儿子。大儿子开伞店卖伞，小儿子开染坊卖布。本应该是幸福的生活，可是，镇上的人们总听到老婆婆在哭泣。一天，一个智者来到镇上，看到老婆婆在哭，便问她，您为什么哭呀？老婆婆说，天晴时，我害怕大儿子的伞卖不出去。下雨时，我又担心小儿子的布晒不干，也卖不了。所以，我总是觉得很难过，想想就会哭。智者笑了，他告诉老婆婆一个方法，后来，老婆婆不管晴天还是雨天，都很快乐。你知道智者的方法是什么吗？”

“嗯？是什么？”

“让老婆婆换一个角度看问题。晴天时，想想小儿子可以晒干布。雨天时，想想大儿子可以卖出伞。这样，不就每天都快乐了吗？所以，你对即将发生的事情的结果，可以这样去想：如果胜利了，固然很好。但是，如果失败了，可以换个角度。

失败并不是只有负面意义，你也可以看作对自己能力的一个评估，提醒你或促使你仍需要不断地努力。”

“我知道呀，可我就是做不到。”

“是你做不到，还是不想做？”

“也许都有。老师，我知道我这样想不对，但是我就是想知道，有没有最快的方法或者最有效的药物，让我马上不再担心，不再胡思乱想了？”

“我可以明确地告诉你，没有。”

“那你能给我做个催眠吗？让我换个脑子。”

“可能你对催眠有太多误解，催眠并不能帮你换脑子。再说你这种情况也不适合催眠。”秦一佩觉得自己在和一堵墙说话，没有一点可以透过光的缝隙，“我刚才说过了，你的问题本质是思维方式的问题，是你的个性使然。为什么别人也经历那么多的失败，却不会像你这样胡思乱想？”

“学校的心理老师说过，我这是不自信的表现。”

“心理老师说得有道理，你的不自信影响了你的思维方式，才让你对即将发生的事总持悲观态度，从而影响了你的情绪。所以，你需要的是慢慢提高你的自信心，培养合理的思维方式。而这是一个漫长的过程，不是一两天就可以矫正过来的。你需要耐心，着急是没用的。”

“可是，我现在总是胡思乱想怎么办？”

“对于这些控制不住的想法，你不必太关注。实在要想，就停下来想一会儿。但是，不要因此自责、焦虑。然后，可以站起来走走，或者做运动，或者听音乐，或者跟别人聊聊天，转移一下注意力。”

“太多了，我记不下来。老师，你可以帮我写下来吗？”

“我说，你写。”秦一佩递给他一支笔和一张纸。

“老师，我大概多久可以恢复？”

“这个因人而异，看你自己的悟性吧。你不要太着急，越着急，越不容易恢复。你可以想象自己得了感冒，虽然有点不舒服，但是，你遵医嘱，按时吃药，心态平和，也许在不知不觉中，就会好了。”

“唉，我还是觉得脑子很乱呀！感觉老师说的对我帮助不大。”

辛梓杨的这句话，让秦一佩顿时气结。通过刚才的交谈，她意识到这个男孩人格中有偏执的特征，而人格偏执的人以对人不信任、敏感多疑、过分自信、妄自尊大为主要临床特征。辛梓杨亦是如此，他不能信任任何人，一味地陷入自我否定的怪圈里，不停地打转，走不出来。

“你们儿子的问题，说实话，有些严重。”秦一佩在和辛梓杨的父母交流时，加重了语气，“在心理学上，他这种情况属于广泛性焦虑，伴有强迫思维。广泛性焦虑症是一种以焦虑为主要临床表现的精神障碍，患者常常有不明原因的提心吊胆、紧张不安、显著的自主神经功能紊乱症状、肌肉紧张及运动性不安。患者往往能够认识到这些担忧是过度和不恰当的，但不能控制，因难以忍受而感到痛苦。强迫思维也称为强迫观念，是指强迫症患者脑海中反复多次出现某一观念或概念，伴有主观的被强迫感和痛苦感。患者自身完全能够意识到这一思想是不必要的或者是荒谬的，并力图把这些想法从脑海中驱赶出去，但并不能自由地干涉或控制这种思想，以致常有‘控制不住’的体验，伴有烦躁焦虑的情绪，存在自我强迫和反强迫的倾向。”

“那怎么办呢？是不是要坚持心理咨询？”辛梓杨的爸爸问。

“心理咨询是必需的，但是，我发现你儿子不太信任别人。所以，心理咨询对他的影响，说实话，暂时有限。如果他愿意再来，当然很好。如果不愿意，也不能强迫他。”

“秦老师，你说得对。他只是对我还比较信任，和他爸爸都不怎么交流。”辛梓杨的妈妈说，

“那很好。你可以经常开导开导他。”

“可我不知道该怎么说。”

“你来找我。我教你一些方法。”

“好，我尽量劝他来。他不来，我就来咨询。”辛梓杨的妈妈深深地叹了口气说，“唉，因为这个孩子，我们家都乱了套。谁的话他也不听，病情越来越严重。”

“如果病情没有得到改善，我建议你还是带着他去医院的心理科看看。”

“好。他其实就是想吃点什么药，马上就好。”辛梓杨的爸爸说。

“这孩子吃不得苦，老想走捷径。”辛梓杨的妈妈补了句。

“他这种情况，不是吃点药就可以好的。”秦一佩严肃地说，“心理问题是人格缺陷造成的，而人格的完善不是一朝一夕就可以实现的，你们做父母的要认清这一点。而且，他现在出现这样的心理问题，也不全赖他自己。可能在他成长的过程中，你们对他的教育方式也有些偏差，所以，做父母的也得反思一下自己的问题。”

“哦，我们知道了。不过，秦老师，他这种情况大概需要多

长时间才能恢复？”

“少则几个月，多则几年，甚至有的人终生带症。”秦一佩刚才之所以没有告诉辛梓杨这些，是怕吓着他。但是，做父母的必须有这样的心理准备，准备打“持久战”。

送走了辛梓杨和他的父母，秦一佩坐在沙发上，直喘粗气。

“遇到疑难杂症了？”温韵笑着问她。

“唉，这个孩子真是一点儿悟性也没有，一点儿不反思自己的问题，只想着一夜之间脱胎换骨，当什么事情都没有发生。”

“那你这个咨询不是很难进行下去吗？”

“可不！阻抗太大。他要的是立竿见影的效果，拿心理咨询当特效药，这怎么可能？”

“下一步，你打算怎么办？”

“他若不来，我就只好把他妈妈培养成我的助理，再去影响他。现阶段，只有他妈妈的话他还能听进去一点。”

“嗯，这也是一个办法。”温韵拍拍秦一佩的肩膀，安慰她，“尽力而为吧，心理咨询也不能包治百病。”

“话虽是这么说，但还是希望他尽快地摆脱心魔。”

“嗯，所有人的心愿。”温韵深有同感地点点头。

“在辛梓杨出事之前，我们是一个多么幸福的家庭。”辛梓杨的妈妈喃喃地说。

一周后，秦一佩再见到辛梓杨的妈妈。这个曾经衣着靓丽时尚，面容还算娇艳的女人，居然在短短一周内憔悴不堪，两眼无神。泪水划过的痕迹若隐若现，像是在脸上蒙了一层用忧愁编织的薄纱。秦一佩不免一惊，有种说不出来的感觉涌上心头，让她不忍直视。因为，她深知辛梓杨的心理问题太棘手了！他不只是一般的心理问题，而是疑似人格障碍。人格有障碍的人几乎不能完全矫正，因为人格障碍是人格的不完善，有缺陷。它通常开始于童年、青少年或成年早期，并一直持续到成年乃至终生。只有少部分人格障碍患者在成年后有所缓和。现实生活中，比较常见的人格障碍包括偏执型人格障碍、反社会型人格障碍、分裂样人格障碍、表演型人格障碍、依赖型人格障碍、冲动型人格障碍、强迫型人格障碍、焦虑型人格障碍等。辛梓杨几乎对任何人都没有信任感，固执己见，不愿意配合，正是偏执型人格障碍的典型特征。

“他的爸爸开了个物贸公司，虽然不是什么大公司，但也算事业有成。我经营着一个商务会所，收入也不错。并且，他爸爸是一个很体贴的男人，对我很好，我们夫妻关系一点儿问题也没有。和周围的朋友比，我一直觉得自己很幸运，嫁了个好老公，有一个高大帅气的儿子，一家人多么幸福！可谁能想到，辛梓杨会变成现在这样？我一想到他，就止不住流泪。晚上也睡不好觉，干什么都不起劲，感觉自己已经不会笑了。我该怎么办，秦老师？”辛梓杨的妈妈说着，泪又下来了。

“梓杨妈妈，我能理解你的心情。从前那么平顺的生活，突然遭遇这种意外，谁都会惊慌失措，非常痛苦的。”秦一佩说着，很自然地伸出一只手，握住她的手。

“我觉得什么意外我都可以承受，可是，我不能接受我儿子变成这样。”

“辛梓杨的状况没有好转吗？”

“他这个孩子就是死心眼，一心想一下解决自己的问题，要求我们带他去看医生。”

“看了吗？”

“看了，医生说是广泛性焦虑症。”

广泛性焦虑症是一种慢性障碍，可逐渐发展，也可能发生波动。有的人会时好时坏，有的人则会不断加重。这类人群会时时处在紧张不安之中，他们难以集中注意力，无时无刻不在担忧着身边几乎所有的事情。表现为过度焦虑，甚至因为自己的焦虑而焦虑，从而影响了正常的生活和工作，情绪不稳定，敏感、易激惹，因而常感到疲惫、不堪重负、痛苦万分。

“开药了吗？”

“开了，在吃。”辛梓杨的妈妈说，“也就好了两三天，现在还是天天给我打电话，说他担心这、担心那，上课听不进去，觉也睡不好。有时还在电话里大哭，自己也着急得不行。我便尽量开导他，鼓励他。”

“梓杨妈妈，你做得对，你是唯一一个说话他还能听进去的人。梓杨的病需要打持久战，不能太着急。”

“可是，秦老师，我感觉我也要崩溃了。一看是他的电话，我都不敢接，但也不能不接。如果我不理他，不开导他，害怕他撑不下去，干傻事。他真是搞得我们一家人都不得安宁，再也不像以前那样快乐了。”

“你老公怎么看待梓杨的病？”

“他表面上倒是很洒脱，说有病就治，还安慰我，不要太担心。可是，他又不是我，天天要接儿子的电话。接了电话后，我心情就特别沮丧。那种痛苦，也没法跟别人说。”

“我理解。可是，有什么办法呢？你是一个母亲，必须让自己坚强，去面对任何困难。这是孩子成长过程中遇到的一个坎，做父母的有责任帮他迈过去。你有什么困惑可以来找我，我们一起想办法解决。”

“谢谢你，秦老师，和你说说，我心里轻松了许多。”

“梓杨出现现在这种状况，你们做父母的有没有反思一下，自己以前的教养方式有什么问题吗？”

“有。我和他爸爸聊过，可能是以前我们忙着做生意，他奶奶带他的时候，非常宠爱他，什么都帮他做。梓杨读小学了还不会系鞋带。表面上，他看起来挺阳光、挺自信的，其实内心是很脆弱、很自卑的。”

教养者的过度溺爱，以及对孩子生活、学习等各个方面的干预和包办，让孩子失去了自我磨炼和成长的机会，导致过度依赖，养成对待任何事情都不会动脑思考的坏习惯。时间久了，很多孩子就处在一个无自我的状态，不知道如何处理自己的事情，也不知道如何与人相处，在现实生活中处处碰壁，最终，难以建立起真正的自信。

“是呀。梓杨还有个特点，特别在乎别人的评价，这就是不自信的表现。总是要通过别人的认可才能够得到一点儿自信。一旦得不到别人的认可，便会怀疑自己，全盘否定自己，最终心理崩溃。”

“嗯。我也和他说了很多次了，别人的看法不重要，只要自己足够努力就好，可他做不到。”

“慢慢来吧。你们以前对他要求严格吗？会经常鼓励他吗？”

“我们对他不是很严格。也会经常鼓励。但是，我现在想想，我周围的人喜欢夸他聪明、帅气，可能有时夸得过了头，让他虚荣心过强、太好面子。”

“嗯，鼓励一个孩子也是需要一定技巧的。最好夸他的努力和能力，不要空泛地夸他棒，或一些表面的东西。这样一来，才能帮助他客观地认识自己，既不自卑也不自负。因为无论是自卑还是自负，都很容易诱发心理问题。”

“唉，当初不懂这些。”

“平时不看教育方面的文章和书籍吗？”

“我眼睛不太好，所以，很少看书。”

“你可以在网上搜一些关于广泛性焦虑的文章来看看。”

“嗯，最近在看。”

“所以，从现在开始，要让他多参与一下家庭事务或其他活动，既能转移一下他的注意力，也可以让他在生活实践中，培养能力，增强自信。”

“好。周末回来我要让他帮我做家务。或者在会所里帮我。”

“对了，秦老师，我们还应该注意些什么？”

“让他爸爸多陪陪他，培养他男性的那种阳刚、大气和勇敢的素质。还有，你要保持一个较为平和的心态。我知道这很难，但是必须尽量做到。如果你也很焦虑，会影响他。家庭气氛还是要一如既往地欢快起来，这对他病情的缓解会有很大的帮助。”

“嗯，我努力吧。有什么问题我再来咨询你。”

“好的。”

“一个孩子出问题，全家跟着受罪。”秦一佩长叹了一声，“幸福的生活说垮就垮呀！”

“可又怨得了谁呢？”小麦说，“还不是做父母的教养不得法，才导致了今天的后果。其实，孩子才是真正无辜的。你说，刚生下来的小孩知道什么，还不是被父母随心所欲地折过来，又折过去，就像苗圃里那些七扭八拐的盆景似的，生生给掰奇葩了。”

“小麦，你的怨气怎么这么重，感觉有点含沙射影？”秦一佩奇怪地盯着小麦，笑着问她。

“唉，我也是我爸妈不良教养方式的受害者。”小麦哀怨地说。

“你这不是挺好的吗？”

“我就是传说中的那种外表健康靓丽，内心千疮百孔的隐性患者。”

“有这么严重吗？”秦一佩表示怀疑，“说说看？”

“算了，一言难尽呀！我已经预约了赵老师，让他给我做个精神分析。”

“你确定？小心把你精神分析得支离破碎。”秦一佩说完，哈哈大笑，她被自己的俏皮话给逗乐了。

“不会吧？我觉得赵老师说起精神分析，一套一套的，很有研究的样子。”小麦歪着头，想了想，“反正，我对赵老师还是挺有信心的。”

“好吧。我拭目以待。”秦一佩做了个擦眼睛的动作，狡黠一笑。

第四章

少女阿米的梦：释梦 vs 潜意识

温韵隔着茶几，双腿交叉，悠闲地坐在一张折叠椅上。对面的沙发上，从她的右手边开始，依次坐着秦一佩、乔真真、吕云英、小麦和赵志宏。这是诊所不定期的例会，一般在大家都有时间的时候举行。例会的目的只有两个：一是研讨个案，提高业务能力；二是相互督导，解决咨询师自己的各种困惑。例会的主持人由各位咨询师轮流担任，自然，讨论的主题也就随主持人的关注点和心情而定。

今天轮到温韵了。当她还在为今天的主题绞尽脑汁时，听见小麦有些怯怯地问赵志宏："赵老师，你什么时候也给我做个催眠吧？"

"你为什么要做催眠？"赵志宏奇怪地问她。

"我总觉得自己心里时不常地有些莫名的焦躁、惊慌。不知道是不是因为有什么童年的创伤记忆被压抑在潜意识中，被遗忘了。你给我做个催眠，让我好回忆起来呀。"

赵志宏大约三十岁出头，是弗洛伊德的忠实拥趸。多年来，一直潜心钻研精神分析疗法，自以为已得精神分析学派的精髓。平日里，俨然一副弗洛伊德嫡传弟子的做派，开口闭口全是精神分析学派的术语，甚为自得。这让本就对精神分析疗法不感冒的秦一佩颇不以为然。有一次，在赵志宏旁若无人地发表了一大篇精神动力学的客体理论后，对温韵嘀咕，不知道弗洛伊德听到他如此地神吹，会不会气得从土里爬出来的，杀他灭口？然而，小麦和乔真真却是他的铁粉，觉得他金声玉振、高深莫测。一直用崇敬的目光，抬头仰视他，就差把脖子望断。

温韵觉得，秦一佩的话有点夸张。赵志宏毕竟勤学苦练这么多年，也参加了很多的专业培训，做起心理咨询来，还是有自己的独到之处。毕竟精神分析疗法对焦虑症、抑郁症、恐惧症、癔症等病症还是有不错的疗效的。只是它的咨询理论晦涩难懂，加上咨询技巧复杂，不容易掌握，因此，大多数咨询师对此疗法敬而远之。

“小姑娘，你太小看催眠术了。不是什么人都可以被催眠的。”赵志宏淡淡地说。

“那你看我可以吗？”小麦不死心，追问道。

“适合催眠法的人要具有以下几个特征：敏感、易受暗示、信任治疗师、合作度高等，你觉得你符合吗？”

“嗯……”小麦迅速地评估了一下自己，笑嘻嘻地说，“我觉得我挺符合的呀。”

赵志宏双手抱胸，右腿抖动了几下，来了兴致，说：“你真的想试试？”

“真的。”小麦坚定地说。

“那好，哪天我安排时间，给你做一个。”赵志宏随口应承道。

他有自己的打算，自从学了催眠术课程后，还没有给人正式催眠过，正好拿小麦来练练手。反正，据他观察，小麦也没有什么严重的心理问题，不怕把她带到沟里。可是，后来发生的事，是此刻的赵志宏无论如何都预料不到的。如果能料到，他无论如何也不会这么爽快地答应小麦。

“赵老师，要不，今天你就给我们分享一个精神分析的个案吧。”温韵在一旁听到小麦和赵志宏的这番对话，灵机一动，提议道。

“是呀，赵老师，给我们分享分享你的精神分析疗法吧。”乔真真热烈地应和着。

“哎呀，雕虫小技，不足为道。”赵志宏竟然谦虚起来，但给人的感觉是嫌掌声不够热烈。

“赵老师，你就别再谦虚了。”吕云英无比真诚地说，“你可是我们这里精神分析疗法的权威，我老早就想跟你学习学习了，就是没机会。今天，你可不能再藏着掖着了。”

“什么权威？我可承受不起。”赵志宏虽然嘴上这么说着，但心里很是受用。就像囫囵吞了颗蜜枣，嘴里寡淡，心里可甜着呢。

秦一佩不发一言，似乎在认真倾听，却又态度不明。只有温韵捕捉到她一闪而过的微表情：嘴角下撇，耷拉着眼睑，眼望向别处。这泄露了她内心真实的想法——不以为然。

可赵志宏沉醉于小麦、乔真真和吕云英的恭维中，已经有些激动。

“好吧。我就分享一下我去年做的一个个案吧。”

“这个来访者，我们姑且叫她阿米吧。”赵志宏开始讲述。

“近两年来，我时不时地会梦到一个男人。确切地说，是一个男人的背影，中等身材，一身黑色西装。”阿米对赵志宏说，“有时，我穿过一片树林，来到长满青草的河边，他就站在那里，好像在等我。等我走近他，正想看清楚他是谁时，他又突然凭空消失。只剩静谧的河水和越来越浓密的雾气，气氛十分诡异。我感到彻骨的寒冷，打了个寒战，醒过来。”

“除了男人的背影，他还有什么显著的特征？”赵志宏问。

“嗯，对了，他手里还拿着一把伞，但一直没有打开过。”

“有时，在梦中，我踏上旅途，也不清楚自己要去向何方，但就是感觉有谁在召唤我。等我踏上火车，火车徐徐开出车站时，我又看到那个背影在站台上，随着火车慢慢驶离车站，越来越模糊，直到消失不见。

“有一次，我梦到自己莫名其妙地出现在一条林间小路上，路两旁不知名的野花开得正盛。然后，我就来到一座山脚下。心里好像有某种预感，那个男人一定在山顶上等着我。于是，我不顾一切地往山上爬。到了山顶，那个男人果真在那里。我快步冲上前，就在我要摸到他的瞬间，他突然跳下悬崖。我就被吓醒了。

“最近一次，就在昨天晚上，我觉得自己好像是醒着的。那个男人就站在我床边，我心里好像知道他想干什么，但是，我一点儿也不害怕。他背对着我，坐在了我的床上，似乎等候已久。我看不到他的长相，但能感觉他的手在我身上游走，不一会儿，我感觉全身燥热，口干，喘不上气，想动却动不了。后来，不知怎的，就醒了。才知道这一切原来还是在梦中，可是，那感觉好真切。”

“赵医生，这些梦到底是什么意思呢？我为什么老是梦到这个男人呢？和我的心理问题有关系吗？”

“这些问题，我现在还不能马上回答你。对于梦的形成，众说纷纭。比如心理学大师弗洛伊德就认为所有的梦都是人欲望的体现，只不过它深藏在潜意识之中，十分隐蔽。所以，平时人们很难觉察。只有当人们处于睡眠，极度放松时，欲望才会趁机用伪装的方式绕过抵抗，闯入意识而成梦。所以，欲望在梦中早已改头换面，不再是赤裸裸的本来面目。如果要想知道这些梦代表了什么，还必须结合你的其他情况，才能加以分析或解释。所以，我需要更进一步地了解你。”

“另外，弗洛伊德还说，梦的内容是由意愿形成，其目的在于满足意愿。并且,大多数的梦与性欲有关。你多次地梦到男人，这极有可能和你的性欲望有关。也许潜意识在警告你，你现在的感情关系并未能在情感及精神上满足你。我记得你上一次说过，你最大的心理困惑就是在和男人快要达到一个很亲密的关系时，便会出现问题。”

“是的。其实，每次我和男人的感情熟络后。他们就会要求更进一步。这时，我就会莫名地紧张、焦虑起来，变得非常抗拒。然后，找个理由断绝关系。我也知道自己不应该那样，可就是控制不住。”阿米茫然地说，“现在这个男朋友，我是真的很喜欢他。也努力说服自己准备接受他，可是，最后关头还是失败了。我不知道自己到底是怎么回事？觉得好痛苦、好沮丧。现在，我也很困惑，自己到底是不是真的爱他？或者我根本就不会爱上一个男人？”

“那么，在你的生活中，就没有和任何一个异性有过较为亲密或者和谐的关系吗？”

“有呀。”

“谁？”

“我爸爸。只有我爸爸”

自从母亲生病去世后，阿米就和父亲相依为命，那年阿米只有五岁。父亲痛惜阿米这么小就失去了母爱，便下定决心要全身心地呵护阿米，不让她受一丁点儿委屈。为此，父亲没有再婚，独自抚养阿米长大。所以，父女之间的感情非比寻常。

早上，父亲总是先做好早餐，然后，亲自到床边来叫醒她。所以，阿米每天都是在父亲的柔声轻语和雨点般的亲吻中醒来。吃过早餐，也是父亲开车送她上学。每次，两人都要相互亲吻后，才分开。晚上放学回家，父女俩常常一起准备晚餐。阿米告诉爸爸，她在学校里发生的大大小小的所有事，一起嘲笑班上那些蠢笨的男生。临睡前，父亲还会帮她洗澡，直到她十二岁。这些时候总能让父女俩开怀大笑，欢乐无比。

当然，这都还不是父女俩最快乐的时光。最快乐的时光，是在阿米的床边。从小，阿米的父亲都会给女儿讲睡前故事，还惟妙惟肖地扮演故事里的动物或人物，逗得阿米哈哈大笑。有时讲着讲着，就在女儿的床上睡着了。

阿米四岁的一个晚上，被雷电惊醒。她穿着单薄的睡衣、赤着脚、哭喊着跑到了爸爸的房间。爸爸看到阿米被吓坏的样子，心痛不已。一把把阿米抱到床上，搂在怀里，轻柔地抚摸她的背，安抚她。直到阿米停止哭泣，安然地睡去。

不过，从此以后，阿米就再也不愿意一个人睡了。总是找各种理由，钻到爸爸的被窝里赖着不走。爸爸没有办法，只好依了她。就这样，阿米和爸爸在一张床上睡到了15岁。在阿米的眼里，父亲就是超人。他什么都会，总是在她需要的时候出现，带给她温暖和安全。虽然，阿米从小失去母亲的爱，性格有些敏感、内向、胆小、自卑……但父亲近乎偏执的爱让她免受人世间狂风暴雨的侵袭，顺利长大。因此，可以毫不夸张地说父亲就是阿米的整个世界，而且是唯一的，无可替代的。

就在阿米以为自己会和父亲可以这样永远地、幸福快乐地生活下去时，有一个女人却悄然地闯进了父女二人封闭的世界。那年阿米17岁，正读高二。这个人就是阿米父亲的新秘书——28岁的李依青。李依青是一年前，应聘到阿米父亲公司做秘书的。她是名牌大学毕业的，精明能干。人也长得漂亮、有气质，且十分善解人意。不知道是李依青太有魅力了，还是阿米爸爸听从了亲朋好友的劝告，阿米总归是要考上大学离开家的，还是趁早找个合适的人，老来也好有个伴。李依青才做了阿米父亲半年的秘书，两人竟悄悄地谈起了恋爱。所谓悄悄地，其实就只是瞒着阿米一个人。也许阿米的父亲本能地觉得自己的女儿不太能接受他们这一段感情。

事实果如阿米爸爸所料，当阿米的父亲试探着告知女儿自己和李依青的事时，阿米突然大发脾气，乱砸东西，歇斯底里地大哭起来。

“你要和她在一起，我就去死。”阿米甩出这句狠话后，干脆绝食。

父亲自然拗不过阿米，只好表面依从。实际上，一直和李依青保持着恋情。这样一来，阿米就天真地认为，父亲还是自己一个人的。不再担忧的阿米，恢复正常，全身心备战高考。一年后，阿米如愿地考上了外地一所心仪的大学。等她放假回家时，家里已经多了一个女主人——李依青。原来，父亲在她上大学期间，和李依青领了结婚证，李依青正式成为阿米的后妈。纵然，阿米有一万个不情愿，但木已成舟。半年没有见父亲，才发觉父亲脸上皱纹增多，头发也已花白。阿米只得抑制住心里的愤怒和悲伤，没有发作。只是晚上，偷偷地躲在被窝里号啕大哭一场，算是默认了这个后妈。

那一夜，阿米感觉自己被父亲抛弃了，他曾经给她营造的童话般的幸福宫殿垮塌了。从此，阿米觉得心里有了一个大洞，空荡荡的。于是，她开始接受男人们的追求，开始了一段又一段的感情之旅。然而，最终却成了一次又一次的失意之旅。因为，她发觉自己没有办法与任何异性发展成亲密关系。

痛苦、焦躁、空虚、不安……这些负面情绪如厚厚的雾霾包裹着阿米，让她看不清世界，看不到方向，四顾茫然。一再重复的类似的噩梦，搅得她日日心生不宁，神思恍惚。

“后来怎么样了？”小麦看到赵志宏端起随身携带的保温杯，小心翼翼地吹开热气，慢慢地品茗起茶来。似乎没有再讲下去的意思。小麦焦急地问他。

赵志宏斜睨了小麦一眼，说：“着什么急，等我润润嗓子。说书的也得有个中场休息的时间。预知后事如何，请听下回分解。”

“好好，中场休息。”温韵打着圆场。站起身，拿了自己的杯子，转身到饮水机前，喝了口水。忽然，想起了自己带来的草莓，便洗了一些，放在茶几上。

“嗯，真甜。”乔真真感叹道，“我吃出了童年的味道。”

“真是恭维得自然清新呀！佩服！”秦一佩故作惊讶地说。

“乔真真这是用了正向鼓励法，目的在于强化温老师的行为，以便以后可以更多地吃到温老师的水果。”吕云英很正经地说。

“啊，温老师，我没有这个意思。”乔真真急忙辩解。

“有也没关系。反正，我迟钝，感受不到。嘿嘿。”温韵笑道。

“嗯，看到草莓，我想起了一个心理测试。谁想试试？”吕云英说。

“我。”小麦第一个响应。

“还有我。”乔真真紧随其后。

“是这样的，我说出四种水果，看你们最想吃哪个？就知道你这辈子是什么命了？

四种水果是苹果、香蕉、榴梿、草莓。”

“嗯，我选苹果。”乔真真说。

“我选榴梿。”小麦说。

“苹果是最平凡的水果。所以，你只要按部就班，就能过上平凡又幸福的生活。榴梿外表锋利，内心柔软。你的运势不是天生的，是自己奋斗的。所以，你的人生要艰难一些，但是也更精彩。”

“咦，有道理。”小麦若有所思地用力点着头。然后问赵志宏，“赵老师，你不选一个吗？”

“纷繁复杂的人生哪是这么简单地就能被一个水果给看透了的？”赵志宏撇着嘴，一脸的不屑。

“投射呀！一个人的人格某些特征的一些显现。”吕云英有点不悦，不理会赵志宏，“温老师，秦老师，你们喜欢哪种水果？”

“我都喜欢，没有‘最’，是不是我的人生命运多舛，飘摇不定？”秦一佩故作沉思道。

“很有可能。”温韵揶揄她，“我就不选了。这把年纪了，人生的运势，一眼看到头了。”

“我只相信性格决定命运。而性格是不断变化的，可以变差，也可以更加完善，所以，命运也将随之而变动。因此，命运的好歹和走势全靠个人的修炼。和喜欢吃什么水果能有几毛钱关系？”秦一佩的一番慷慨陈词，结束了“水果算命”的话题。

阿米躺在著名的弗洛伊德榻上。榻之所以著名是因为弗洛伊德曾用这样一张普通的长沙发，给来访者做心理治疗，故得名弗洛伊德榻。而温韵有样学样，摆放了一张类似于香妃榻的布艺沙发，当然她的初衷，主要是为了给来访者做放松解压的。现在，赵志宏倒是让这榻名副其实，实现它最初的功用，为阿米做精神分析。

此刻，阿米在赵志宏的引导下，开始了自由联想。自由联想是精神分析最基本的分析技术之一，是释梦或精神分析的依据。来访者在自由联想的过程中，倾诉自己的联想与往事。来访者必须毫无保留地说出所想到的任何事情，尤其是那些触及压力的时刻所浮现在头脑中的想法和念头。并且，不要对联想到的观念有所选择或取舍，即使想到的是一些令人不快的或者无意识的思想，也要说出来，同时不要对它们做任何形式的评价。心理咨询师将由此最终发掘压抑在潜意识内的致病情结或矛盾冲突，把它们带到意识领域，使来访者对此有所领悟，并重新建立现实性，形成健康心理。

“闭上眼睛，放松，好，深呼吸，再来一次。”赵志宏柔声地引导着阿米，“不要有任何的顾虑，想到什么就说什么，此刻所有谈话内容都会保密。好，慢慢地回到你的童年，让你印象最深刻的一个画面是？”

“红裙子，我眼前晃动着红裙子。那是爸爸在我六岁生日时，送我的红裙子 .....”

“好，描述一下，你穿上红裙子的感觉。”

“我看到了镜子里的自己，那么漂亮。爸爸的眼睛都亮了，他把我抱在怀里，亲了又亲，在我耳边不停地叫我小公主。我高兴极了，我是爸爸一个人的小公主。从此，我总喜欢穿着那件红裙子，因为，穿上它，爸爸就会很高兴，说我是他的公主。我穿着爸爸喜欢的裙子，兴许他就能早点回家了。

“不知道是红裙子的魔力，还是因为别的什么，爸爸果真不再那么晚回家。这样一来，我和爸爸就可以一起读那些有趣的睡前故事书，亲吻着，互道晚安，相拥入眠。躺在爸爸怀里，是那么温暖，那么幸福。他总是紧紧抱着我，叫着‘我的小公主，我漂亮的小公主’。

“爸爸就像个骑士，保护着我。他害怕别的男生欺负我，所以，不让我和男生来往。

“有一次，大约十二岁吧，嗯……”阿米突然停了下来，身体不安地扭动了一下。

“别紧张，深深地吸一口气……”赵志宏说。

“我记得那天，天气很闷热。半夜我被热醒了，发觉被爸爸抱在怀里。我想从他怀里挣脱出来，手一下子碰到了他的那个地方。那么大那么硬……我一开始吓了一跳，可又有点好奇，忍不住又轻轻碰了一下。不知为什么，突然觉得很兴奋。

“后来，后来……嗯，我和爸爸躺在一起时，我有时候会有意无意地用身体去碰触他那个地方，他会快速地躲闪。当我感觉到他有反应时，也不知道为什么，我居然会很得意。虽然有时也会隐隐觉得这样不好，但是，又忍不住。就像小孩子玩一个有趣的游戏，我已经爱上了这个游戏。

“记得十四岁时的一个晚上，爸爸突然抱紧我叫着妈妈的名字，疯了似的亲我。我的身子紧紧地贴着他，没有恐惧，甚至有些兴奋，渴望着发生某些事情。我叫着爸爸，热烈地回应着他……但他听到我的叫声，好像一下子清醒，迅速推开了我……

“从那以后，爸爸再也不和我一起睡了，不管我如何哀求。他又开始早出晚归，高中后，我就住校了，更难见到他。”

“那个时候，你是什么感受？有什么想法？”

“我感觉好孤独，好空虚。好像被世界给抛弃了。我不甘心，我要赢回爸爸，让他还像以前一样，把我捧在手心里，叫我小公主。可是，那个女人就要进入我和爸爸的生活，我感觉自己快要崩溃了。所以，我哭、我闹、我绝食，我像一个被水淹没头顶的人，拼命地抓住爸爸对我的爱，奋力挣扎。我以为我赢了，可是，最后我才知道，我早就输了，爸爸早已经被那个女人给抢走了。

“更让我生气的是，那个女人居然也有一条红裙子。我实在受不了，找了个机会，偷偷地拿了她的裙子，用剪刀剪了个粉碎，丢到垃圾桶里了。那年我十九岁。后来。她一有红裙子，我就会不择手段拿到手，销毁。”

“毁掉她的红裙子，对你意味着什么？”

“意味着什么？一种报复的快感，或者是一种发泄？或者可以让爸爸少爱她一点？这样，我就能安慰自己，爸爸没有抛弃我。

“其实，成年后，我再也没有穿过红裙子。有时候，男友送我红裙子，我都会大发脾气，拒绝接受。他们觉得我很莫名其妙。我也觉得自己很莫名其妙，可就是不能接受。”

“因为红裙子在你的生命中有某种特殊的含义，代表你对父亲或父亲对你的爱。这种爱对你来说，太重要，太神圣了。当别的男性送你时，你是不是觉得他们玷污了这份爱？”

“嗯……或许吧。”

“后来，它也成了你心中的一块不能触碰的伤痕。”

“嗯，既是伤痕也是美好的记忆。”

“那你现在对父亲是怎样的一种感情呢？”

“很爱，好像有时也有一点儿恨吧。”

“恨他什么？”

“不再像以前。”

“像以前什么？”

“那么亲密，还有……我也说不太清楚。”

阿米特殊的成长经历，导致她对父亲的爱过度依赖，形成厄勒克特拉情结，也叫恋父情结。这种情结一直潜藏在她的潜意识中。青春期性意识萌动，加之缺乏与异性的正常交往，就没有及时地和父亲这个特殊异性实现心理分离，因而不由自主地生发了一些不寻常的情愫和欲望。导致她对父亲的爱悄然发生了变化，最终蜕变为两性之间的爱恋。所以，她阻止父亲和其他异性交往，破坏别的女性在父亲心中的形象，对父亲由爱生恨，恨父亲抛弃她，背叛了他们之间亲密的心理契约。这种种过激的表现其实是对父亲情爱强烈的独占欲，而她却不自知。

但她始终是爱父亲的，所以无法接受其他异性的亲热要求。在她的潜意识中，如果接受了，就意味着背叛了父亲。其实，她还在幻想有一天，可以和父亲回到童年时的美好时光。其他男性不过是父亲暂时的替代品，她怎么可能和替代品产生亲密关系呢？在潜意识中，她是十分抗拒的。

因此，阿米梦中的男人其实就是她的父亲——一个她一直追寻，却总也追不到的爱人。那些密林、那些迷雾、那些高山，都预示着愿望达成过程中的艰难险阻。好比她所期望的爱，可望而不可及。在梦中，阿米始终无法看清楚男人的脸，是因为她自己不敢看清楚。她害怕直面父亲会被再一次拒绝，也害怕受到道德的谴责。男人手中的那把伞，按弗洛伊德的观点，应该是男性阳具的象征，一种性欲的暗示。总之，阿米虽然生理上已经发展到“成熟期”，但性心理发育严重滞后，仍停留在“性器期”。没有形成成人成熟的性理念和性行为。

“呀，这么说来，我是不是也有‘恋父情结’？”小麦张大了嘴巴，茫然地问道。

“为什么这么说？”乔真真好奇地问。

“我就喜欢年纪大一点的男人，对那些同龄的男生没感觉。这是不是心理也有问题呀？”

“你那还算正常，你只是喜欢成熟的男人而已。阿米是过度迷恋自己的父亲，把父亲当作情欲对象，以至于影响到了她正常的爱情和婚姻，所以必须接受心理治疗。”温韵说。

“哦，还好还好，我喜欢的是其他异性。”小麦拍了拍心口，长舒一口气。

“那阿米现在怎么样了？”乔真真问赵志宏。

“她原本是因为异性关系处不好才来咨询的。后来领悟到，原来是‘恋父情结’在作祟，对父亲的畸恋才是她最大的心理问题。明白了心理问题的症结所在，加上她有强烈的意愿，希望重新开始，去拥有一段美好的爱情。经过多次的咨询，她和异性的关系可以更进一步了。”

“潜意识”这个心理学术语来自弗洛伊德，是指人类心理活动中未被觉察的部分，是不自觉的思维活动。它是人行为背后的动力源，包括原始本能、冲动、童年心理印记、环境熏陶、观念、人格等一系列因素。我们虽无法觉察潜意识，但它却影响着我们如何看待自己和他人，如何看待我们生活中日常活动的意义，我们所做出的关乎生死的快速判断和决定能力，以及我们本能体验中所采取的行动。我们可以通过心理治疗的手段认知和重构自我的潜意识，治愈曾经的心理创伤，维护身心系统的平衡和稳定。

第五章

小麦的心结：童年心理创伤 vs 自我成长

“小麦，你确定要做？”乔真真望着小麦，皱着眉头，一脸担忧。

自从诊所开业以来，这两个年龄相仿，所学的专业也相同的女孩子，便迅速成为好朋友。加上两人的家都不在本地，所以经常会腻在一起，于是慢慢地生出了一些亲人般的情愫。只要两人都在诊所，便贴在一起，像一对连体婴儿。秦一佩经常打趣她俩，干脆拜把子算了，免得别人往歪里想。温韵替她俩回击秦一佩，只要你不往歪里想，就什么事都没有。

“嗯，一会儿，赵老师就来了。”小麦坚定地点点头，旋即，又嬉笑着说，“我可是出了钱的。现在反悔，我的钱就打水漂了。那可是几百大洋，差不多我半个月的生活费呢。你干吗这副模样？好像我是上断头台，一去就一命呜呼似的。”

“我只是有些担心，怕给挖出什么不堪回首的过去，你承受不了。”乔真真半玩笑半认真地说。

“不会的，我有心理准备。要是让我的几百大洋打了水漂，我才受不了呢。心会痛死的，哈哈……”小麦手捂着心口，故作痛苦状。小麦的轻松，却让乔真真倍感紧张，总感觉有什么不好的事情就要发生。

精神分析鼻祖弗洛伊德认为，一个人童年时期的经历虽然会随着时光的流逝而逐渐被淡忘，甚至在意识层中消失，但会顽固地埋藏于潜意识中，对人的一生产生恒久的影响力。尤其是童年经历过不幸或者在压抑环境中长大的人，人格的发展会受到不良的影响。

“我们现在开始了。”赵志宏拿出一个小水晶球，轻声地说。他尝试着弗洛伊德常用的催眠法，试图挖掘出埋藏在小麦潜意识中的创伤经历和体验。也就是说，让小麦在很放松的情况下，回忆起一些已经模糊的童年往事。也许这些曾经的经历，能帮她找到现在总是莫名焦虑的缘由。

水晶球上有一条金属链子，赵志宏拿着链子的顶端，让水晶球在小麦的眼前一左一右，悠悠地晃着，“请盯着这颗水晶球，盯着它，不要眨眼……配合腹式呼吸法，鼻子深深地吸，嘴慢慢地呼……好，四肢和手指都轻轻地舒展开来，配合呼吸。”

小麦躺在睡椅上，解除了所有有碍于全身放松的物品，如眼镜、项链、鞋带等，彻底地让自己放松下来，极力地配合着赵志宏。

“渐渐地，你感觉你的眼睛有点涩了，感觉有点困倦了，而且眼皮越来越沉重，沉重……像铅一样沉重，非常沉重。

“右手腕沉重，像铅一样沉重，非常沉重，沉重……

“左手腕也沉重，像铅一样沉重，非常沉重，沉重……

"然后，右脚变得沉重……左脚也很沉重……很重很重……

"最后，你全身越来越沉重，头脑越来越模糊了……你就要瞌睡了……睡吧……熟睡吧……"

小麦在赵志宏的诱导下，慢慢闭上眼。

"你感觉浑身无力，手和脚都特别重。现在，你抬一下试试，看能不能抬起来……"赵志宏是在测试小麦是不是已经被他成功地催眠。如果小麦可以抬起手或脚,那就是催眠失败了。但是，令赵志宏很欣喜的是，小麦既没抬手也没抬脚。难道小麦真的被自己催眠了吗？他对自己的催眠功力还是有些半信半疑的。不过，就算小麦被自己催眠了，从她此刻的情形看，也只是轻微催眠状态而已，并没有被深度催眠。可是，不管怎样，他还是尝试着按以前学习的程序往下走。

"此刻，你慢慢地在路上走着，走着……路旁盛开着许多不知名的野花。阳光温暖，有一股暖流从你的头顶向下，在身体里流淌，直到你的脚尖。你觉得温暖极了，舒服极了。于是，你走到路的尽头，看到了一些熟悉的场景。对，你回到了一个熟悉的地方，那个地方在你的记忆深处，你小时候曾经来过，抑或在你的梦中出现过，你四处看看，你看到了什么？"

"一块空地，被雾笼罩。"

"别着急，等一下……现在，雾散了，再向四周仔细看看，还有什么？"

"我看到一座房子。"

"什么样的房子？"

"一个破旧的单元房，像我小时候住过的房子。"

"好的，你顺着楼梯，慢慢上楼……上去，又看到了什么？"

"一个门，浅绿色的破旧的房门。"

"你试着推开门，走进去。"

"不行，房子里太黑，我不敢进去。"

"房子里没有灯光吗？"

"没有。"

"有人声吗？"

"没有。"

"好，不要紧张。我们做一次深呼吸。深深地吸，慢慢地呼……"赵志宏发现小麦开始呼吸急促，脸部表情僵硬，便提示她尽量放松。

"你真的不想进去吗？这也许是你的家。虽然爸爸妈妈不在家，但你可以开门进去，打开灯，等着他们回来。"

"不行，门锁了，我没有钥匙。"

"哦。那你站在门口等一等。"赵志宏保持沉默，等了一会儿，接着说，"现在，你再看看房间里是否亮起了灯光？"

"没有，还是漆黑一片。我想离开。"

"好吧。那就离开吧。现在，你听到我的声音了……听我倒数三个数，慢慢醒过来……三、二、一……好，醒来……"

小麦闻声睁开眼睛，呆呆地望着天花板，静默一会儿。然后，翻身坐了起来，她双手抱头，默不作声。赵志宏耐心地等着她，等她翻涌的心潮慢慢平复下来。虽然，他还不知道是什么触发了小麦的情绪机关，但是，他确信过去一定有什么事是小麦一直不愿或者害怕碰触的雷区。

"小麦，好些了吗？"赵志宏低头问她。

"我没事，我没事。"小麦低着头，摇了摇。可是，她的声音浑浊不清，带着鼻音，显然是有事。她在啜泣。

赵志宏心生怜悯，不由地伸出一只手，放在小麦的肩上，轻轻拍了一下。

“赵老师,谢谢你。我现在想一个人待一会儿。我们下次再谈，好吗？”

“也好。我就在客厅，有什么事叫我。”赵志宏说。

一个星期后，小麦又预约了赵志宏的咨询。

“赵老师,不好意思,上次吓着你了吧？”她一开口,先道歉。

“没事。你太小看我了，好歹我也是老江湖了，什么阵仗没见过。哪能被你一个小丫头吓着了？”赵志宏轻松地开着玩笑。

“没有！我没小看你。”小麦急着辩白，“其实，我都被我自己给吓着了呢。”

“是呀,你在我眼里一直是个没心没肺的开心果。”赵志宏说，“那天是什么扰动了你的心弦，让你有这么大的反应？莫非是那座黑乎乎的房子？”

“嗯，我回去也好好地想了想，那座黑房子对我到底意味着什么？”

“那你想到了什么？”

“我记起了一些童年的往事。”

“哦？说来听听。”

“那年我应该才四五岁的样子。我爸爸是开货车的，他经常不在家，家里只有我和妈妈两个人。我妈妈脾气很暴躁，有一次，我忘了我做错了什么事，妈妈把我打了一顿，还不解气，居然提着我的衣领，把我关进了厕所。那时，我们住着租来的小房子，厕所又破又黑。我好害怕，拼命砸门、喊妈妈，但是她不理我。后来，我听到关门的声音，我知道她出去了。我更害怕了，紧紧地蜷缩在墙角，不管听到什么声音，都觉得是妖怪来了。黑暗中，眼前好像一直有鬼影在晃动。我吓坏了，一个劲儿地发抖。不知道过了多长时间，我醒了过来。眼前一片白光，晃得我睁不开眼。我被人抱着，在奔跑，颠得我有些难受……直到现在，我其实都非常怕黑，惧怕一个人待在狭小的密闭空间。”

“嗯，这段童年的创伤经历能够解释你为什么那么害怕黑和小房子。并且，从那天开始，一种恐惧黑暗、孤独无依的感觉就深深地植入你的潜意识中，它总会在某个瞬间，让你莫名地觉得恐慌、空虚、没有安全感。”

弗洛伊德说过，人的创伤经历，特别是童年的创伤经历会对人的一生产生重要的影响。悲惨的童年经历，长大后再怎么成功、美满，心里都会有个洞，充斥着怀疑、自卑、不满足、没有安全感……那些发生于童年时期的疾病是最严重，也是最难治愈的。

“对呀。这种感觉就是经常莫名其妙地发生。”

“这就是你的一个心结，你必须打开它。”

“怎么打开它？”

“其实，当你意识到童年的创伤经历对你的影响时，你就已经开始在解这个心结了。”赵志宏说，“接下来，让我来帮助你战胜它。你现在先躺下。”

等小麦在躺椅上躺好，赵志宏接着说：“好，放松，深呼吸，尽量放松……”

“你还要给我催眠吗？”小麦问。

“不催眠了。你不太敏感，我的功力也有限，嘿嘿……”赵志宏讪笑着说，“我们来做个想象脱敏。”

“想象脱敏？系统脱敏法的一种？”

“对，想象脱敏是对付紧张、焦虑和痛苦的一种有效的办法。就是在想象中，对现实生活中曾发生过的挫折情境或使自己感到紧张、焦虑和痛苦的事件进行预演，并学会在想象的情境中放松自己，最终达到在真实的情境中应对各种不良的情绪反应。因此，你只需要尽量放松，按照我的提示去做，就好了。”

“好。”

“现在，让我们慢慢回到上个星期你看到的那间房子。”赵志宏说，他停了一会儿，接着问，“看到了吗？”

“看到了，可我还是不太敢接近它。”

“没关系，不着急。深呼吸，深深地吸，慢慢地呼……试着走近它，走近它。然后，试着触摸它的门。有什么感觉？”

“冰冷。”

“换只手，再摸一下。这时，它不再冰冷，有点温度了，是吧？”

“嗯。”

“好，试着推一下门。这个门其实并没有上锁……”

“太黑，我不敢。”

“别担心，房子里是你熟悉的家。没有别人在。你不想看看你小时候的房间吗？那里有你喜欢的玩具和布娃娃。勇敢点，你可以的。”

“我……好吧，我试试。我，我推开了门，好黑，我什么都看不见。”

“灯在门边，你试着打开它。”

“灯打开了，然后呢？”

“试着走进去，慢慢地，不着急。”

“不，不行。”小麦叫着，坐了起来。

“放松，放松，别害怕，我在这里。试着深呼吸……好，再来一次。”赵志宏轻声地安慰小麦。

小麦慢慢地放松下来。

“你看到了什么，突然这么害怕？”赵志宏问她。

“我看到了小时候被关的厕所。”小麦胆怯地说。

“嗯，这正是你需要正视并战胜的创伤情境。”赵志宏说，“今天就到这里吧。其实，你也知道想象脱敏的一些常识。可以尝试着自己给自己多做几次，直到脱敏。”

“不，我不行。”小麦断然地否定了赵志宏的提议，“赵老师，我需要你的帮助。”

“那好吧。我们下次再见。”赵志宏勉强答应了。

一个人童年的心理创伤，不仅仅来自战争、洪水、地震、火灾、空难等强大的意外事件，更多的来自原生家庭，因原生家庭糟糕的家庭氛围和偏差的家庭教育而受到创伤。日常生活中长期经历的忽视、情绪虐待、躯体虐待或者暴力，都会导致心理创伤。而童年的情感经历，对个人性格、行为、心理起着决定性的作用，并将产生深远的影响，甚至决定一个人终生的幸福。所以，人们常说“幸运的人一生都在被童年治愈，不幸的人一生都在治愈童年”。如此，童年心理创伤，需要一个人穷尽一生，有意识地不断地进行自我疗愈、自我成长，才能一点一点地淡化，最终获得心理康复。

第六章
二胎隐忧的音乐疗法：习得性无助 vs 抑郁

星期天一大早，乔真真便约了小麦一起来诊所。她今天想用音乐疗法，给她的一个来访者做咨询。为了达到预想中的治疗效果，她拿小麦做试验品，准备把自己的治疗方案再演练一遍。

“我说，乔老师，这都第三遍了，差不多就行了。”小麦苦着一张脸，躺在躺椅上，不情愿地嘟囔着，“你还真把我当小白鼠了？”

“那不可能。”乔真真正色地说，“你哪有小白鼠的境界？小白鼠一不怕苦，二不怕死，你能做到吗？再说，你什么时候听到小白鼠抱怨过了？”

“切，小白鼠如果会说人话，一定比我怨气深。咦？你的意思是，我还不如小白鼠？”

“是呀！所以，你得认清差距，迎头赶上哟！”乔真真抿着嘴唇，憋着笑。

“什么呀？乔老师，请问，小白鼠能听懂音乐吗？”小麦立起身，质问乔真真，“就算它听得懂，它能告诉你它的感受吗？”

“是是是，这么说来，你强，你比小白鼠强，行了吧？”乔真真哄着她，把她按倒在躺椅上。

“不对呀？”小麦醒过神，喃喃地问自己，“我一个高级人类干吗和小白鼠比呀？”

“哈哈……”乔真真笑得前仰后合，说，“好了，不开玩笑了，快躺好。我又换了首乐曲，你再帮我感受一下。”

乔真真年前参加了一个音乐治疗师培训班，算是初步掌握了音乐治疗的基本技术。因为缺乏经验，她目前也只是用这个技术简单地帮助来访者缓解焦虑，发泄情绪而已，不敢奢望来访者能深谙音乐精髓，幡然醒悟，由此认识自我，回归理性，达到身心和谐的境界。虽然这是音乐治疗的最终目标，但以乔真真的道行，仍需假以时日，刻苦修炼。

乔真真点开手提电脑里的播放软件，柔声地说：“放松，闭上眼睛。认真倾听，让你的心随着音乐的旋律流动起来。”

随着话音，一首舒缓、柔美、空灵的轻音乐《平沙落雁》，如月光下的流水，瞬间把人带到了一个洁净无尘、如诗如画的人间秘境……

“你看到了什么？”

“森林、野花、野草……嗯，还有流水在山间流淌……几只鸟儿飞过一片芦苇……”

“很好，尽力放松……”

乐曲放送着。不知不觉中，音乐慢慢变了曲风，音符像好斗的公鸡，急促、强硬、纠缠、争斗……

“不是让来访者放松吗？”小麦睁开眼睛，不解地问，“怎么后半段音乐换成了《十面埋伏》呢？让人急躁得想打人。”

“想打人就对了。我这个来访者，不善言辞。但心里淤积着很多的负面情绪，需要通过音乐的激发，让她在想象中把这些负面情绪发泄出来。”

“哦，这样。”

渐渐地，战斗平息，随即响起舒曼的《梦幻曲》。这抒情优美、坚定圣洁的旋律，像一个温暖的拥抱，安抚了躁动的心，抚平了受伤的心灵，给人以前行的勇气。

“我承认音乐可以扣动人的心弦，但是，它真的具有治疗效果吗？它的原理是什么？”音乐停止后，小麦坐起来，疑惑地问。

“音乐治疗是利用音乐对人情绪的影响作用，诱发人丰富的想象力，通过大量的联想来改变人的情绪状态，进而改变人对生命、对生活的认知。当然，它也不是传说中的仙丹，不能药到病除。它只是心理咨询的一种手段，效果的好坏，肯定是因人而异的。这个‘人’既是指来访者，也是指治疗师。音乐治疗对治疗师的音乐素养要求很高。我从小就练习钢琴，虽然没有走专业道路，但还算有些古典音乐的底子。不然，也不敢往音乐治疗领域里钻。”

“哦，佩服。”小麦说着，突然脸上显出一丝娇羞之色，“不过，我还是比较信服赵老师的精神分析。”

“哦？效果好吗？”

“那当然。”小麦不容置疑地说，“至少，我现在睡眠好了很多。”

“你还要继续咨询吗？”

“是呀。不是有句话吗？有了心病，药不能断，咨询也不能断。”

“看来，赵志宏这副药，你是吃上瘾了。”

“那是。你不知道，赵老师那具有磁性的、醇厚的男中音在我耳边响起时，我就不知不觉地陷入一片恍惚，好像时间停止了。那一刻，我感到特别放松、特别温暖。一下子，就觉得这个世界是那么美好，没有什么好怕的。”

“好吧，我祝你早点驱走心魔。”乔真真真心地祝福小麦。但心里，不知怎的，一丝担忧如蜻蜓点水般掠过。

“谢谢，我一定会的。”小麦笃定地说。

“天暗了下来，起风了，我看到，落叶在地上翻滚……那是一片荒滩，草很黄，树也没发芽，干枯的树枝笔直地刺向天空……没有一个人，只有我自己，不知道该往哪里走……”当乔真真播放乐曲时，来访者于小凤躺在小麦躺过的椅子上，喃喃地说着。她的情绪低落又哀伤。“天，好冷。为什么大地是灰色的？我看不到人影，我心里好空、好怕……”她的声音有些颤抖，带了一丝哭腔。

“别害怕，放松……”乔真真说。她忧心忡忡地盯着于小凤，密切关注着她的反应。心想，是怎样的忧伤让这个女孩在听到那么优美的乐曲时，依然无法感受其中的柔和与美好。

“来了，它们跑过来了……”当于小凤听到《十面埋伏》时，突然，叫了起来。

“谁来了？”

“两只野兔子，一只灰的，一只白的。白的正在追灰的……追上了，它们打起来了，白的好厉害，咬着灰的不松口……流血了，流血了……灰兔子流血了，它好可怜呀。”于小凤开始流泪了，声音哽咽了，“谁救救它！”

“你可以救它，试着给它包扎一下伤口。”乔真真在她耳边，轻声地鼓励她。

“我？我不行，我害怕。”

“别害怕，我就在你身边，你可以的，来，动手吧。”

“那我用手帕给它包扎……它好乖，在我怀里一动不动。眼睛，清亮的眼睛，看着我，好像很感激我……”舒曼的《梦幻曲》适时地响起，于小凤的情绪平静下来，尽管脸上的泪痕还没有干，但是，神情舒展了许多，“它的毛好柔软，好温暖。我把它放在地上，它跑出去一段路，又回头看，接着，就跑了……前面出现一片草地，绿油油的，草很深，我想那就是它的家吧……”

“很好，我倒数三个数，你把眼睁开。三、二、一，醒来……”

于小凤睁开眼，沉默了片刻，坐起来，乔真真递了一张纸巾给她，让她擦拭一下脸庞。等她擦完，两人坐到了茶几前。

“现在心情怎么样？胸口还闷吗？”乔真真问她。

“好些了。”于小凤低着头，轻声地说。

“你刚才说有两只兔子打架，一白一灰。如果你是其中的一只，你感觉自己是哪一只呢？”

“……”于小凤不说话。

“是不是那只灰的更像你？”

“嗯。”

“生活中，有人经常欺负你吗？”

“没有。”

“从来没有人打过你吗？”

“嗯……只有我妹妹打过我。”于小凤说。

“你妹妹？她多大？”

“六岁。”

“比你小八岁，二胎？”

“嗯。”

“喜欢妹妹吗？”

“有时候喜欢，有时候不喜欢。”

“为什么不喜欢她？”

“她老拿我的东西，给我弄坏了。我说她，我爸妈却总说她比我小，要我让着她。”

“所以，这让你很不开心？”

“有时会不开心，有时又想着她小，不和她计较。”

“那还有什么事让你不开心？”

“什么事都让我很烦。没什么开心的事。”

“朋友、游戏、漂亮衣服、吃好吃的，这些都不能让你开心吗？”

“都没意思，有时候觉得活着也没意思。”

“什么时候开始这样想的？”

“读初中以后吧。”

“是课业压力太大，还是父母对你要求很高？”

“功课还好，中等偏上。他们没给我什么压力。”

“有想过以后做什么吗？”

“没想，什么也不想做，什么都没意思。”

“好吧，今天先到这吧，下次我们再聊。”

“小凤的情绪异常，你们是怎么发现的？”乔真真问于小凤的妈妈。

“前两天，老师说她上着上着课就莫名其妙地哭起来了。我在家也碰到她做作业的时候在抹眼泪，问她，她什么也不说。我以为是作业太难了，也没太在意，只是让她好好想想，不要太着急。唉……”于小凤的妈妈深深地叹了口气，接着说，“其实，乔老师，我这个大女儿乖巧的很，特别懂事，从不给我惹麻烦。她爸爸在外面忙，一天到晚不着家，我生了二女儿后，多亏了她，帮我做了好多事。可谁成想，现在她成了这个样子。乔老师，你说，这孩子到底怎么回事？”

“你是和她相处时间最长的人，你有没有反思过，到底是因为什么让小凤这么不开心？”

“我想了很久，就是没有想明白。我也没给她压力呀！老师说，她在学校的情况也很正常，没听说和谁发生过矛盾。真是搞不懂。”

“小凤的个性一直是这么内向、安静吗？”

“也不是。小时候还是很活泼开朗的。好像是有了妹妹后，我忙不过来，让她帮助照顾妹妹，感觉她一下子就长大了，变得沉稳、内向了。”

“那个时候，一个八岁的孩子突然不闹不笑，你不觉得有点不正常吗？”

“她爸经常不在家，我要照顾两个孩子，实在是太累了。而且，我的注意力又全在妹妹身上，可能忽略了她。”

“她平时向你们提的要求，你们都能满足她吗？”

“这个，好像大多时候没有。对了，她说过要去学画画，说了几次，我没答应。”

“为什么不答应？”

“我觉得学那个没什么用，怕耽误学习。再说，我也没时间陪她去。”

“可是，你有没有想过，如果一个孩子的正当需求没有得到满足，心里该有多压抑？再加上她又是一个早熟且过于敏感的孩子，可能因为体谅你，不愿意给你添麻烦，因此那些正常的渴求和不满都被压在心里，不愿表达，或者不敢表达出来。最终，这种痛苦又无滋无味的日子，让她失去了对生活的热情，变成了一个麻木的人。说得难听点，成了一具行尸走肉。”

“啊？原来是这样！我以为她只是不爱说话，长大了就好了。我没有想到，我们对她的忽略会给她造成这么大的心理伤害。”

“是的，你们把更多的关注和爱给了妹妹的同时，还要求她也无条件地这样做，这对一个才八岁的孩子而言是不公平的。”

“唉，我一直想着，姐姐就该让着妹妹，没有想过，其实她也只是个孩子。”

“对，既然都是孩子，不管年龄大小，做父母的，应该尽可能地一碗水端平，让孩子都能感到同样的爱和关注。”

“以前不懂这些。现在知道了，那我以后要怎么做呢？”

“很简单，把她八岁时失去的那份爱，一点点地还给她。”

“我明白了。谢谢你，乔老师。”

二胎出生以后，很多父母会把关注点更多地放在年纪更小的孩子身上，与此同时，却没有给其他孩子解释清楚这么做的原因，没有告诉他们父母还是爱他们的，只是暂时需要这样做，而是一味地让他们完全地服从、忍让。这样的做法，只会让孩子很容易产生“父母偏心，不爱自己”的消极自卑心理，导致自我价值感严重受损。最终，让他们觉得自己在这个世界上是不值得被爱的人，是“多余”的人，从而对人生产生怀疑，失去生的勇气和乐趣，导致过度焦虑、情绪异常等心理问题，以及种种生理症状。

一个人在成长过程中，如果对外界的种种诉求没有得到合理的重视和满足，便会沮丧、无助，乃至自暴自弃。因此，便陷入一种弥散的、无助的、抑郁的状态。久而久之，形成一种行为——习得性无助。习得性无助行为，即一个人经历了失败和挫折后，面对问题时产生的无能为力的心理状态和行为。现实生活中，处在此状态的人，会觉得自己控制不了整个局面，解决不了自身的问题，于是失去动力和精神支柱，不再努力，陷入绝望，心理问题和行为问题便肆意生长。

第七章

天生的倒霉蛋：负性思维 vs 归因

“我们开会了。”温韵说。

“赵老师还没来呢？”小麦脱口而出，把自己给吓了一跳，赶忙装作若无其事的样子整理桌上的文件夹。

“你这么关心赵老师，不大寻常呀？”乔真真狐疑地盯着小麦，调侃她。

“哪有，我就是随便问问。”小麦赶紧撇清自己。

“那你脸红什么？”乔真真追着她问。

“我今天擦了胭脂，怎么样，挺自然的吧？”小麦随口胡编，还煞有介事地把脸伸到乔真真跟前。

“自然，特别自然，小脸红扑扑的，好像树上的红苹果。”乔真真终于逮着机会戏谑小麦，她绝不会轻易地鸣金收兵。说着，便唱着筷子兄弟的《小苹果》乱舞起来。

“你癫痫发作了？”小麦故作惊讶地问她。

“你才癫痫呢！”乔真真回击小麦。

“好了，坐好。”温韵说，“赵老师有事，要晚点来。今天的主持人是吕老师。”然后，她转头对吕云英说，“可以开始了。”

“嗯，嗯……那个……”吕云英清了清嗓子，有些腼腆，“第一次做这个主持人，我还有点不适应。当然，也没有经验。如果有什么不足之处，还望大家多多包涵。”

“包涵包涵，一定又包又涵。”温韵笑着说。

“也请不吝赐教，这样，我才能不断进步。还有……”吕云英慢悠悠地，像一只散步的蜗牛，没有目的地溜达。她还想啰唆些什么，歪着头，却又想不起来了。

“主持人，请直击主题！好吗？”秦一佩有点不耐烦。

“好吧，主题就是叙事疗法案例分享。”吕云英好脾气地笑了笑。叙事疗法是她参加的众多心理工作坊咨询技能培训之一。

“好，好，你一个人出钱学习，我们全体受益，我代表大家表示感谢。”温韵说。

“那学费，是不是？”吕云英小心地问。

“小麦，快给吕老师加点水。”温韵不搭腔，顾左右而言他。

“好嘞。”小麦去倒水。这时，听到门响，她扭头看到赵志宏走了进来。

“赵老师来了！”她尖厉的声调就像一只报喜鸟，恨不得把这个喜讯，嚷得全世界的人都知道。结果，光顾着报喜了，溢出水杯的水，差点烫到她的手。

“我没来晚吧？”赵志宏有些抱歉地说。

“不晚。”秦一佩说，“吕老师的开场白还没说完呢！”

“秦老师，真是个急脾气。”吕云英不以为然地说，“好，我现在就说说我的这个个案。”

看着眼前这个脸色苍白、瘦小、面带愁容的男孩，吕云英快速地在心里给他做了个性格侧写：内向、敏感、自卑、有点偏执。当听男孩的妈妈说他已经上大二时，吕云英暗自吃了一惊。“可你看上去就像个高中生呀？”这句话冲到她的嘴边，被她硬生生地吞到了肚子里。

男孩叫叶秦，开学快一个月了，还赖在家里，不肯去上学。

“我就是个天生的倒霉蛋。”叶秦一张口，就给自己人生定了性。他缩在沙发里，如果不是那颗脑袋，会让人误以为是谁乱丢的一堆衣物，看不出人形。

“其实，每个人都会经历各种各样倒霉的事。你为什么要给自己扣一个倒霉蛋的帽子呢？”

“真的，我真的很倒霉，我经历了太多倒霉的事。”叶秦瞪大眼睛，盯着吕云英。好像“倒霉蛋”这个称呼有多珍贵，生怕给谁抢了去，所以拼命拽着，不肯撒手。接下来的时间，他絮絮叨叨，急切地向吕云英证明，倒霉就像影子，与他不长的人生相伴相随。而且，以后也必将不离不弃。

“我是一个早产儿。”叶秦缓缓地讲述他“悲催”的前半生，一直追溯到“不幸”的降生，“七个多月时，我妈妈羊水破了，我就被剖了出来。当我妈妈躺在手术台做手术时，还突然停了电。五岁时，我爸爸出轨，和我妈妈离了婚。于是，妈妈便带着我到处打工，每到一处，刚刚熟悉，我们就不得不离开。初一时，我的同桌是个女孩。她学习很好，是班上的学习委员。她每天逼着我按时交作业，还随时抽查我的背诵。一开始，我很讨厌她，老和她做对，惹她哭。可是，她从不记恨我，还是那么认真负责，督促我学习。可惜，我们只是同班了一年，她就转校了。后来，再也没有人对我这么上心了。她走了之后，我才发觉自己其实是很喜欢她的。高中毕业后，我曾经努力想找到她，可是找了很久都没有她的消息。高中，我是浑浑噩噩地走过来的，不好不坏，也没有交到好朋友。班上的男生一个个人高马大，热爱运动，我不喜欢运动，所以，总是融不到他们的圈子里去。对，我就是那种班级里的边缘学生。考大学时，因为一分之差，没有考上自己心仪的大学。其他？在日常生活中，倒霉的事就更多了。要赶的飞机，经常晚点。要坐的公交车久等不来，不坐时，一趟接一趟，在眼前驶过。想找的人，总是找不到。想做的事，总是因为这样那样不可控的原因，做不成。如果这些都不算倒霉，那还有更倒霉的事发生在我身上。去年，我认识了一个外语系的女生，她活泼开朗。我很喜欢她，她也喜欢我，这算是我真正意义上的初恋。遇到了爱情，还以为我的霉运终于散去，好运就要来临。可谁想，我们才交往一个月，她就得了白血病，很严重的那种。半年前，她离开了人世，我……我真的很怀疑自己是不是被人下了蛊，这一生都会霉运当头，永不得安宁！”

此刻的叶秦对自己的人生失去了信心，感受不到人生的意义，整日郁郁寡欢，在惶恐和痛苦中度日如年。

“嗯，你的遭遇我很同情。”吕云英缓慢地说，“你所经历的这些倒霉事，有些事听上去确实很倒霉，但也有一些事，其实是很平常的，比如飞机晚点、找不到人之类的，我也经常遇到。而等车久等不来，其实只是我们焦虑的心情在作祟，根据爱因斯坦的狭义相对论，你越着急，时间过得越慢。当然，像女朋友病逝这件事，确实不太寻常。那种感受我可能没有办法完全体会，但可以想象得到。但是，人生总会遇到一两件不幸的事，不是这种事，就是那种事。并且，事情已经发生了，如果总是陷入悲伤和哀怨中，也于事无补。”

“有时，我也这样告诉自己。可是没用，我现在就是觉得自己有气无力，振作不起来。”

“那么，现在，你回想一下，你是什么时候开始有这种看法的呢？”

“很久了，从小就有这样的感觉。”

“看来，你已经带着这种看法生活很久了。于是，在不知不觉中，你就给自己贴了个‘倒霉蛋’的标签，是吧？”

“嗯，是这样。”

“能不能想起，你第一次觉得自己很倒霉，是在什么时候、什么情况下？”

“具体的时间，我记不清楚了。可能是小时候，我妈一直讲我出生时的情形，说我运气不太好，后来发生了很多事，我也发现自己确实运气不太好……”

“也就是说，你最初关于倒霉的观念是源于你的母亲三番五次的提示？”

“是吧，她就经常在我面前说我运气不太好。”

“那么，你真的认为出生时不顺利的早产儿，以后人生的运气都不会太好吗？”

“也不是吧，也许有些人的运气还是挺好的。”

“那你认为父母离异的孩子，也是因为运气不好吗？”

“有点。当然，更多是父母自身的原因吧。”

“我特别同意你的观点，婚姻的成败原因有很多，跟运气关系不大。世界上那么多离异夫妻，他们的孩子就注定要倒霉一辈子吗？这个结论显然是不成立的。”

“再说，在你的身边，其他人难道就没有遇到亲人逝去或其他不幸的事情吗？”

“可能有吧，我不太清楚。”

“一定有。比如那些车祸、疾病、空难、地震以及那些在战争中失去亲人的人们，他们是不是要一直埋怨自己倒霉，活在痛苦和不幸中呢？”

“这……”

“我很想知道，当你抱着‘自己是倒霉蛋’这种看法时，你的感觉是怎样的？”吕云英停顿了片刻，换了个方向，启发他。

“感觉很糟糕。觉得人生无常，不知道还有多少倒霉事在等着我。一想到这些就令我绝望，什么也不想做，觉着做什么都没意思，活着也没意思，有时想想，还不如死了算了……我真不知道自己到底做错了什么，命运如此捉弄我？”

“所以，你也体会到了，当你给自己贴上一个‘倒霉蛋’的标签后，那种感受是多么糟糕。但是，我想你不知道的是，这种糟糕的感受时常会打击你的信心，影响你看问题的视角，令你遇到或做任何事的时候，眼睛只关注那些失败的事，老觉得不管怎么努力，自己总是不走运，处处受挫，而忽略了那些成功的事。”

“你是说我看问题的视角不对，是这样吗？”

“是的。你的生命中一定还是有许多幸运的事吧？”

“幸运的事？我想不起来。”叶秦皱着眉头，辩驳着，“可是，恋人离世这样的事都让我遇到了，还不够倒霉吗？”

“这件事情只是一件不好的事，但不是倒霉的事情。不好是对这件事情的结果的客观评价，但倒霉却是对这件事的一个主观感受。不好的事不一定就是毫无积极意义的‘倒霉’事。比如，和初恋女友，你有没有反过来想一想，在这个女孩短暂的人生中，你们曾经相遇相爱，拥有了一段美好的回忆，何尝不是一种幸运呢？”

叶秦低头不语，沉默着。

“每件事都有两面性，积极的或消极的。如果你选择看消极的一面，那么你看到的永远都是黑暗。但是，如果你选择看积极的一面，那么，你将看到灿烂的阳光。所以，你有必要真正扪心自问，自己是不是习惯性地关注不好的事，同时，还过于关心自己个人的不安或者眼前的事情，以至于陷入恐慌中，不能自拔。”

“你是说我太以自我为中心了？”

“你觉得呢？”吕云英继续说，“每个人各有各的‘倒霉’，只是很多人并不会因此就给自己戴个‘倒霉蛋’的帽子，让自己失去生活的乐趣和勇气。因为他们知道，这只不过是人生的插曲，不会影响主旋律的美好。况且，一帆风顺的完美人生几乎是不存在的。”

“哦。”

“从刚才的交谈中，我们可以清晰地看到你是怎样受到家庭及社会的价值影响，给自己戴上了‘倒霉蛋’的帽子，建立起‘倒霉蛋’的身份。我们一起检视了这种看法是如何不断耗损你的生命，给你带来了很多的负面情绪的。实际上，这对你而言，才是不公平的。一个年轻的生命，不该这么早早地被放弃。我也与你分享了有许多人都同你有类似的经历，可不少人努力地抗拒这些所谓的命运不公和倒霉，冲破压迫自己的信念，从而释放了自己，找到新的生命意义和力量。”

叶秦看着吕云英，思考着。

“现在，你是否愿意继续让‘倒霉蛋’的阴影控制你的生命呢？是否觉得应该重新振作起来，掌握自己的生命呢？”

“我也不想再这样下去。如果继续下去，我一定会死的。我死无所谓，我最担心的是我的妈妈，她怎么办？”

“其实，如今成为一个大学生的你，已经很幸运了，我希望你拿出勇气做些什么。但是请你明白，我绝没有要求你立即改变自己的想法。因为我没有资格将我的价值观强加于你身上，生命是属于你的，我不能要求你如何生活。况且，改变是一件非常困难的事。不想再这样生活下去应该是你自己的选择，没有其他压力或原因，所以，希望你发自内心地重新出发。”

若干天后，叶秦再次来访。

“我不太喜欢我的专业，所以，学业上也没有什么追求。虽然我不是很努力，但专业课成绩在班上也能排到中上等。”他对吕云英说，“教设计的老师挺喜欢我的，说我的作品很有想法。”

“即使在不喜欢自己专业的情况下，你也能保持中上水平，还得到了专业老师的肯定，是这样吧？”

“是啊，老师有一次私下对我说，我其实是很有潜力的！”

“可见，你并非自己认为的那样一无是处。而且，通过谈话，我觉得你非常聪明。”

“谢谢，可能我看的书比较多，喜欢标新立异吧。同学们也很欣赏我的作品。”

“看来，你的同学也很喜欢你。”

“还好。我一般不和别人发生冲突，尤其是女生。她们都很愿意和我在一起，我挺照顾女生的。不像别的男生那么粗心，不太在乎女生的感受。”

“你的这个特质，用时下年轻人的话来说，就是典型的暖男，很好。这可是大多数男生身上所缺乏的优良品质呢。”

“嗯，谢谢。”叶秦停了一下，接着说，“我其实一直在通过各种途径寻找那个女孩。”

“哪个女孩？”

“初中时的同桌。”

“这样啊。看来你还是一个很念旧情的人。”

“我其实没有别的想法，就是想当面跟她说声对不起。那时，她那么帮我，我不该欺负她。”

“哦，看来你不像表面看上去的那么无所谓，生命中还是有很多你珍爱和看重的东西。这也说明，你虽然觉得自己的人生有些坎坷，但还是懂得感恩曾拥有的一切。这也是一种坚强的表现。”

“是吗？吕老师，与你交谈时，你都会给我很舒服的感觉，让我能想到什么说什么，不必有任何隐瞒。我好像重新认识了自己。”

“那现在你对自己有什么新的感觉和看法？”

“我是个悲观主义者，执着于自己的一些不好的想法。现在，我觉得自己可能看问题时是有些片面，太情绪化了，不够理性。”

“是呀，我越了解你的过去就越能看到你的生命中充满了许多值得欣赏的地方。生活中的很多片段也有很多美好，反映了你的人生没有你认为的那么糟糕。而且，你也没有自己想象的那么一事无成，软弱无力。我看到了你的善良、聪明、坚强和勇气。而你是否忽视了自己的这些特质？是否已经习惯了贬低自己，不敢肯定自己？习惯于纠结遗憾，而不满足现状呢？”

“或许都有吧。”

“那么，现在你没有必要再继续把自己看成‘倒霉蛋’，否认曾存在于你生命中的那些美好，你应该发挥你的坚强和勇气，为自己编写另一个对你更公平、更积极的人生故事。那么，你希望自己的将来怎样发展呢？”

“吕老师，我明白了。我当然希望在未来的日子能够过得更加快乐、精彩。”

“我相信你一定能够做到。我这样说，并不是没有缘由地鼓励，而是与你交谈时，看到了你身上的一些可贵的特质。虽然这些感觉和看法现在都只是初步的，但是我的经验告诉我，现在对你来说，是一个极重要的开始，是人生的一个重大突破。人难免有运气不好的时候，但并不代表他就是一个命中注定的‘倒霉蛋’，人生必将毫无意义。所以，希望你从另一个角度，客观地检视自己过往的生命，对自己有新的发现，争取更好的发展。”

“嗯，我想，我可以做到的。”

“唉，我其实也常常有‘我怎么这么倒霉’的想法。”小麦听完吕云英的讲述，感慨道。

“大多数人在某个瞬间，都会有这样的想法。”秦一佩说，“但是，并不会因此给自己贴一个‘倒霉蛋’的标签，让自己郁郁寡欢，怀疑人生。”

“是呀，大多数人还是健忘的。他们善于忘记那些不好的事，记住那些好的事，所以，才时常会感到满足、快乐。这种思维方式虽然很阿Q，但是对于生命而言，才是合理又积极的。”赵志宏说。

“建构主义认为，人们对任何事物的看法其实都没有统一的标准，每个人的人生都是由自己的主观感受构建的。也就是说，每个人的生命历程都不尽相同。但是幸运和不幸总是或多或少地相伴而行。而一个人到底是幸运儿还是倒霉蛋，并没有一个仪器可以精准地测量。因为，这全靠每个人自我感知上的取舍。总是关注幸运的人，就会忽略或淡化生命中那些不幸，因此觉得自己幸运居多。反之，有些人过多地关注发生在自己身上的不幸，生命于他就满是不幸。”温韵说，“叙事疗法就是通过语言，把生命中那些片段、零碎、积极、有价值的支线故事串联起来，让人们看到自己的独特之处和价值，进而重构对生命的看法，从中找到成长的力量。遗憾的是，有些人的故事是由生命中的‘垃圾’组成的，因而他们的人生之路才步履维艰。”

“对，咨询师的任务就是引导来访者，重新审视和叙说自己的生活经验，看到生命中或自己身上的美好和闪光点，自己解决问题。也就是说，叙事治疗的本质是引导来访者从积极的角度，重新建构自己的人生，汲取力量，缓解压力，从而改善心理感受。”吕云英说。

“哦，我明白了。在叶秦这个个案中，吕老师就是采用了叙事疗法，引导叶秦重新编辑自己的人生故事。让他看到自己积极的一面，激发他生命的潜能。”小麦点着头说，“看来，我也得重新定义自己的人生，不能让自己纠缠于那些不美好的片段，丧失生活的动力。”

“孺子可教呀！”秦一佩摸着小麦的头，打趣她。

第八章

不敢吃的红苹果：心理应激 vs 恐惧症

下午五点半，温韵有个咨询，所以上完两节课后，她就急急忙忙地赶到了诊所。

“把来访者的资料拿给我。”温韵对小麦说。

温韵翻看着，资料显示，即将到来的来访者是一个叫黄茹的初二女生。

预约的时间到了，但是，来访者还没有到。

温韵端着一杯茶，走到客厅的落地玻璃前，向外张望。不知道何时，天空起了雨雾，一对母女走进了她的视线。两人打着伞，看不清面容。母亲走在前面，不时地回过头，伸手拉扯一下女孩的胳膊，催促她快点走。女孩迟缓的脚步像是和谁堵着气，扭捏着，走一步顿一下。温韵猜想，她的下一个来访者黄茹到了。

黄茹的母亲衣着整洁、朴素，中分的头发在后脑绾成一个髻，一丝不乱。唯一乱的是神色，张皇又憔悴。黄茹好像母亲的翻版，只是表情木讷，目光呆滞，似在梦游。于是，温韵决定先和她的母亲聊聊。

从黄茹母亲的口中，温韵知道了发生在黄茹身上的故事。

黄茹，市三中初二的学生。半个月前的一个傍晚，她像往常一样，吃过晚饭后到教室里上自习。上课的铃声还没有响，教室里人声嘈杂。黄茹心情有些烦躁，想起妈妈的一再叮咛，晚餐半个小时后，一定要吃个水果。妈妈的话对黄茹来说，就是圣旨，不容辩驳，且必须立即执行。尽管妈妈不在身边，但是，她的目光好像就在头顶，探照灯般时刻监视着黄茹的一举一动。黄茹叹了口气，伸手到书桌里摸索了一阵，掏出了一个红红的苹果。犹豫了片刻，她站起身来，走到了窗户边，因为，她不想让同学看到她吃东西。

窗外，天色渐暗，但天边的夕阳迟迟不愿下山，把最后的余晖洒在校园里的空地上。黄茹没心情欣赏晚霞，她木然地拿着苹果放在嘴边，轻轻地咬了一口。随后，微微地皱了一下眉头。苹果不酸，但是，她不喜欢吃水果。她已经和妈妈说过很多遍了，可妈妈坚持认为水果中富含人体必需的各种维生素，是黄茹生长发育必不可少且不可替代的营养物质。因此，不容分说，规定黄茹每天必须吃一定数量的水果。这让黄茹觉得自己像是围栏里的一头猪，每天定时定量地进食，不过是为了长一身好肉罢了。想到这里，她发狠似的咬了一大口，苹果的汁水随即迸溅开来。她慌忙用手捂住嘴巴，及时地拦截了一块想出逃的苹果。她扭头向四周看了看，还好没人注意她。她刚才突地缩紧的心，放松了一点。估计快要上课了，她加快了咀嚼的速度。

当她再一次张大嘴啃咬苹果时，一个庞大的白色物体从她眼前倏地划过，随后听到一声闷响。她停止动作，张大的嘴像被抹了胶水，粘在了苹果上，似乎正在思考吃还是不吃。其实，她这时脑子里已是一片空白，就像是被人突然点了穴，定在了那里。一刹那，曾有一张脸在她的大脑里回旋，但是她又十二分地不敢相信，结果什么都不能想。

“有人跳楼了！”周围响起了一片惊呼。有人拥向窗户边，有人往教室外跑。

“谁？是谁？”有人抓着她的胳膊问，她便无意识地探头看了看楼下。从她的位置望下去，清清楚楚地看到一具扭曲的人体，趴在地上。像是恐怖片中的玩偶，摆成一个正常人根本无法完成的姿态。血，鲜红的血，静悄悄地向四周扩散。这一定不是真的，她想，那么年轻的一张脸，才从她的眼前晃过，怎么就成了地上那一摊带着诡异微笑的血肉？她眼前一黑，瘫坐在地上。有同学死命地拉着她，喊着她的名字，但是，她什么也听不见，身子软成了一根面条，真的一点儿力气都没有。

“温老师，那天，黄茹亲眼看到那个女孩跳楼后，人就迷瞪了。清醒后，大哭了一场。”黄茹妈妈说，“她本来胆子就小，现在这个样子，一定是那次给吓坏了。”

“她还有什么异常表现吗？”温韵问。

“晚上总睡不踏实，老做噩梦，尖叫……我问她，她说梦见了一个脸色惨白的女鬼，拉着她，喊救命。白天她也没精神，老是发呆，不敢一个人待在房间里。”

“哦，还有什么？”

“对了，再也不敢吃苹果了，连看都不敢看，甚至商店里的模型苹果也害怕。”黄茹妈妈用手指着自己的脑袋说，“温老师，黄茹是不是这儿出了问题，要不要看精神科医生？”

“可能是创伤后应激障碍，可以先去医院看心理科。”

“创伤后应激障碍？”

“嗯，创伤后应激障碍是指人在遭遇或对抗重大压力时，心理状态产生失调的后遗症。比如经历战争、地震、严重灾害、严重事故、被强暴、受酷刑、被抢劫等事件后，人都会感到巨大的痛苦，常引起个体极度恐惧、害怕、产生无助感……痛苦的场景会在大脑里一再地闪回。”

“唉，你说，那么多孩子都看到了，别人都没事，怎么就她反应这么大？”黄茹妈妈一脸迷惑，看着温韵。

“人是有个体差异的。即使遇到同样的事情，每个人的感受程度、抗挫折的能力都不尽相同。正如有些人坚强，有些人懦弱。”温韵说，“你们在教养黄茹时，是否有些溺爱？忽略了对她的抗挫折能力的培养？”

“唉，现在想来，确实是对她太过于娇惯了。”黄茹妈妈重重地叹了口气，喃喃地说，“我和她爸爸快四十岁了才有了她。真是应了那句话，‘含在嘴里怕化了，捧在手里怕摔了’，全家人都宠着她。平时，什么家务活都不让她干。不瞒你说，这么大了，早上我还帮她穿衣服。”

“过度保护，好比折断了鸟儿的羽翼，使孩子没有机会增长和发现自己的能力，很容易陷入自我怀疑、自我否定，形成自卑、胆小、脆弱的不良个性。而这些不良个性恰恰是心理问题产生的温床。”

“我几乎所有的心思都放在她身上，就怕她有个什么闪失，结果，还是发生了。”

“父母不可能代替孩子度过他们的人生，有闪失也很正常。出了问题，父母的责任就是帮助孩子勇敢地面对，并战胜它。”

“温老师，那你说我接下来怎么办？”

“除了看医生。做父母的要耐心地听她倾诉，并不断开导、鼓励她。”

“这些没问题。可个性如何改变？”

“个性的形成是个漫长的过程，同样，要想改变也必然需要长时间的矫正。以后，你们做父母的要适当地放手，让她先学会处理自己的日常事务和学习。在这个过程中，重新发现自己，肯定自己，培养自信心，学会坚强。”

“那她还需要接受心理咨询吗？”

“需要。心理咨询就好比一场心灵按摩，是心理咨询师协助求助者解决各类心理问题的过程。心理咨询的疗效也许不像药物那样立竿见影，但是它对完善人格、促进心理发展、保持长期的心理健康，具有不可替代的作用。”

“你的衣服很好看，是你自己买的吗？”温韵面对黄茹的时候，产生了一种错觉：自己正在和一只受伤的小兔子说话。她蜷缩、萎靡、局促的神态，让温韵不自觉地放低音量，温柔得像一缕清风，竭力地控制着自己的音量。

“不是，我妈妈选的。”黄茹用耳语般的声音回答，头都没抬。

“你不喜欢吗？”

“不喜欢。”

“为什么？”

“我不喜欢这么艳的颜色。”

“你喜欢素雅的？”

“嗯。”

“你可以告诉你妈妈。让她不要给你买太艳的衣服。”

“她不听。说小女孩穿那么素干吗，死气沉沉，没有朝气。”

“你不认可她的观点，是吗？”

“是。素有素的美，艳有艳的美，但是每个人都有自己的喜好,不是吗？我就喜欢素的。”黄茹抬头看着温韵,声音变得有力、倔强。看来，就算是一只小兔子也有龇牙斗狠的一刻。

“嗯，我很赞赏你的想法。每个人都有权利按照自己的真实心意生活。”

“可我妈不这么认为。”说完，黄茹又如泄了气的皮球，陷入莫名的沮丧中。

“但是，你是一个很有想法的女孩，这很好！”温韵尽可能地鼓励她。一是想和她尽快建立起良好的关系，为后面心理咨询的顺利开展做好铺垫；二是让她看到自己身上蕴藏的潜能，为即将到来的自我改变积蓄力量，树立信心。

黄茹听了温韵的话，抬头看了她一眼，目光中有一丝欣喜，也有一丝委屈。

“你妈妈很爱你，只是有时候不太尊重你的想法，是吧？”

“嗯，她还骂我，骂我一天到晚净胡思乱想。”说着，黄茹的声音哽咽了，泪水涌出眼眶。温韵赶紧递给她几张纸巾，她伸手接过，擦拭着。但泪水像顽皮的孩子，撒着欢，争先恐后地跑出来。

温韵静静地看着她，克制住想去拥抱她的冲动。温韵感觉这个女孩十分敏感，应该不太喜欢陌生人的触碰，只能静默，等着她心中长久以来淤积的愤怒和委屈，随泪水的肆意横流，慢慢消解。

当爱没有了边界，父母把孩子当附属品或工具，任意决定孩子的一切，小到衣食住行，大到人生前途，那它就成了一把锋利的刀子，不时地切割着孩子的心灵，直到孩子伤痕累累，万念俱灰。

“我真的很害怕，眼前老是晃动着那个女孩的脸。做梦也会梦到她。”黄茹止住了泪水，战战兢兢地说。仿佛又回到了那个可怕的傍晚，惊恐的神色在眼眸里浮动。

“我忘不了她从我面前落下时的眼神。真的，我感觉自己好像和她对视了一下，那眼神中有种说不出来的绝望，可是脸上却很平静。有一天晚上，我又梦到那个场景。让人恐怖的是，掉到楼下的人不是那个女孩，而是我。于是，我从梦中吓醒了。温老师，你说，这是不是有什么预兆呀？”

“不是，日有所思，夜有所梦而已。尤其是人在经历了强烈的创伤性应激事件后，会在思维、记忆或梦中反复、不自主地涌现与创伤有关的情境或内容，也会出现严重的触景生情反应，甚至感觉创伤性事件好像再次发生了一样,你现在就是这种情况。不过，你不用害怕，只要你好好配合治疗和咨询，慢慢就会恢复的。”

“哦。可是，我现在不能控制自己不去想。”

“你不必太刻意地去控制什么。学会接受自己现在的状况，就像接受自己发烧时的不舒服一样。给自己一段时间，让自己慢慢地做些事情来自我调整，比如可以多和家人、朋友聊聊天，多做些户外运动，或者听听音乐、看看电视等，转移一下注意力。”

“哦。我还很怕那些像苹果的东西，一看到，我就喘不过气，浑身发抖。所以，我哪儿都不敢去。”

“这也是可以通过心理治疗克服的。”

“真的？”

“是的，下次咨询，我会针对这个问题，给你制订一个干预方案。只要你积极配合，应该没有问题。”

“嗯，谢谢温老师。”

“不客气，我们下周见。”

黄茹再来时，穿着一件粉色的套头衫。脸色粉粉嫩嫩，有一抹夏荷初绽时的秀丽清新。

“你精神不错，还在做噩梦吗？”

“偶尔会，但没那么害怕了。”

“去医院看过吗？”

“看过了。医生说是创伤后应激障碍，开了点药。”

“哦，那你可得遵医嘱按时吃药。”

“嗯。”

“现在看到类似苹果的物品，还会害怕吗？”

“还是有些怕。”

“嗯。这样吧，今天我用心理治疗的一种常用方法——系统脱敏法，帮你克服这个问题。首先，我给你解释一下这种方法。它的基本原理是：让一个原可引起微弱焦虑的刺激在求助者面前重复暴露，同时求助者以全身放松予以对抗，从而使这一刺激逐渐失去引起焦虑的作用。也就是说，我会用一些和‘苹果’类似的东西，一步步地在你面前呈现，与此同时，采用放松技术，帮助你消除对它们的恐惧感，进而最终消除你对苹果的恐惧。你愿意试试吗？”

“好。”

“我们首先来列一个恐怖等级层次。我列举几种情形，你来排列它们的恐怖等级，由低到高。”温韵说着，拿出事先准备好的一张纸，上面有她列举的几种情形。

温韵根据黄茹的排序制定了以下恐怖等级层次：第一等级，说出“红苹果”这个词；第二等级，想象一个红苹果；第三等级，看类似苹果或红苹果的图片;第四等级，看和拿红苹果模型;第五等级，看和拿真的红苹果。

“现在，你靠在沙发上，全身放松。我们先来做放松训练。听我的口令，用鼻子深深地吸气……好，保持一会儿。然后，用嘴慢慢地呼气……放松，感受自己全身都放松了，完全放松了……然后，你试试看，紧握你的拳头，感受一下肌肉绷紧时的状态。之后再放松，深深地吸气，慢慢地呼气，感受全身放松后的状态……好，记住放松的方法和感觉，一会儿做练习的时候，如果感到紧张了，就马上做放松练习。”

“第一步，我要求你反复说‘红苹果’，一定要清晰，如果你感到焦虑，随时可以告诉我，如果你已经完成了一个情景，举起左手让我知道。

“说的时候，你感到焦虑吗？”

“一点儿也没有。”

“好，现在闭上你的眼睛，想象一个红苹果的样子。”

过了几秒钟，黄茹举起了她的食指。

“停止想象那个场面。在你想象的时候，一分到十分，你的焦虑增加了几分？”

“四分吧。”

“现在，注意力再回到放松上。”温韵停顿了大约二十秒，又重复放松指示，直到她的焦虑值为零分。

“现在,我会出示几张图片给你。”温韵向她一一地展示了桃、柿子、青苹果、黄苹果等图片,等她习惯了,才出示红苹果的图片。一旦黄茹感到紧张、害怕，便重复放松指示，引导她彻底放松自己。

在进行每一个等级时，只要黄茹感到害怕和焦虑，温韵就让她停止，全身放松，待焦虑值为零分时，再进行下一个步骤。

一个小时以后，黄茹的脱敏训练进行到了第五个等级。虽然她可以较为坦然地看红苹果，但是，对于拿起它，还是有些胆怯。温韵看她面露倦意，想必今天接受的刺激够多了，于是决定下次再如法炮制，继续进行脱敏练习。

“今天就到这里吧，你回去后，按照我教给你的这种放松方法。练习在引起焦虑的情景下放松，以克制焦虑，保持平静。好吧？”

“嗯。”

“下次见。”

恐惧是人类最基本的情感之一，适度的恐惧具有保护人类免受外界危险伤害的积极意义。然而，当一个人对外界事物产生异乎寻常的恐惧时，会感到无比痛苦，且伴有显著的植物神经功能障碍，如心悸、战栗、出汗等临床表现，并主动采取回避的方式来解除这种不安。这便是一种神经症——恐惧症。恐惧症的产生，有一定的遗传因素，但更多的是社会心理因素。它与个体的人格特征以及成长过程中所遭遇的不良体验有着密切的关联。完善的人格、良好的心理素质，才是防止恐惧症发生的关键。

第九章

情感误区：移情 vs 自我觉知

“在想什么呢，温韵？”秦一佩走到温韵跟前，手在她眼前晃了几下，“叫你半天都没反应。”

“唉，愁人呀……”温韵抬眼看了秦一佩一眼，皱紧眉头，长叹一声。

“咦，好神奇！你还有犯愁的时候？我一直以为什么事都不可能难道我们的超人温韵女士。”

“真是承蒙你这么瞧得起我！不过，让你失望了。”温韵说，“是人就会有犯愁的时候，我不是人吗？”

“可你不是一般人呀，你的心理多强大呀，堪比神仙！嘿嘿……”

“对，我就是仙女下凡。你最好做好心理准备，谨防哪天我要回天界，顺便把你一起带上天，喝神水，吃仙丹。”

“妈呀，求你饶了我吧，我可不去。我这么庸俗的人，只适合待在人间，粗茶淡饭。”

“哼，这可由不得你。”温韵故意恶狠狠地说，“我是神仙，我说了算。”

“嘿嘿……”秦一佩嬉笑着问，“对了，你到底在愁什么？”

“我们进去说吧。”温韵站起身，瞟了一眼正在电脑前整理资料的小麦。

两人走进咨询室，关上门，分别在茶几两边的沙发上坐下。

“好了，说吧。”秦一佩挪动着身子，让自己坐得舒服些，然后看着温韵，摆出一副洗耳恭听的郑重样。

“你没觉得小麦最近和以前有些不太一样吗？”温韵迟疑片刻，说出了自己的担忧。

“咦，你这么说，好像有点。”秦一佩歪着头，想了想。

“有什么不同？”

“比以前漂亮了？她剪了新发型，衣着也比以前有品位了。不过，这也没什么好奇怪的呀！她大四了，要找工作，步入社会了，自然要打扮打扮，脱了那股子学生气。”

“我没问你这个，是问你觉得她的精神状态如何？”

“精神状态很好呀！嗯……好像时不时还有点亢奋。”秦一佩思忖着。

“是吧，你也觉得她有些亢奋。”知道秦一佩和自己的感觉一致，温韵仿佛猜到了考题的标准答案似的，有种果真如此的释然。

“这也很正常，年轻女孩子嘛。”秦一佩随口说着，又好像顿悟到什么，“啊，你是说她恋爱了？”

“你知道？跟谁？到底是谁？我认识吗？”察觉到温韵的表情微妙的变化，秦一佩突然兴奋起来，来不及等温韵回话，盯着温韵急切地问。

“哎，你真该去照照镜子。你知不知道，此刻的你，一副八卦脸。”

“我早说了我是个庸俗的人，尤其喜欢八卦。”

“你庸俗还这么理直气壮？你的心理才不是一般的强大，比我还强大。”

“嘿嘿，还好吧。”秦一佩大言不惭地全盘接收，“快说，男主角是谁？”

“小麦可能喜欢上了赵志宏。”温韵幽幽地说。

“什么？怎么可能？”秦一佩惊讶得面部走形，好像听到了什么噩耗，不敢相信自己的耳朵。

“你小声点。”温韵担心地朝门的方向看了一眼，生怕被小麦听到，“一开始，我也不敢相信。但是，赵志宏说他感觉小麦有那个意思，所以，不想继续给她咨询了，想转介给我。”

“是不是赵志宏自作多情了？”秦一佩虽然知道来访者爱上咨询师的例子在心理咨询界并不罕见，国内外皆有之，有的甚至还结了婚。但是，万万没想到会发生在自己的身边。

“我查看了咨询记录。最近半个月内，她就预约了四次赵志宏的咨询。虽然赵志宏跟她说过,一个星期一次就可以了。而且，本来这个星期赵志宏准备给她做完这个疗程就结束咨询，但小麦不同意，还想继续咨询。”

“也许她真的还有一些心理问题没有解决呢？”

“就算有，也没有必要这么频繁地预约。而且，昨天乔真真也和我说，她发现小麦最近在看到或提到赵志宏时，表情有些异样。她也有点担心小麦。所以，我估计应该是发生了移情。”

“啊，这样呀。看来，是不太正常。那你准备怎么办？”

“就是不知道怎么做，才能在不伤害小麦的前提下，解决这件事，所以犯愁。”

“那你就接手呗。”

“我是她的老师，太熟悉了，不太合适。”温韵说，“所以，我就直说了，我希望你接手。”

“我接手？嗯……我倒是没问题，只是小麦能同意吗？”

“不管她同不同意，赵志宏那边已经不再接受她的预约。赵志宏准备找个理由，暂时不来诊所。所以，你可以借机靠你的三寸不烂之舌去安抚她或者让她成为你的咨客。”

“这件事的难度指数有点高，我怕我能力有限，胜任不了。”

“难度不高的话，也没必要请你这位大神。我相信你，你有这个实力。”

“你不用给我戴高帽子，我只能答应你尽力而为。而且，你得帮我。”

“那当然。我们可以一起制订一个谈话方案。”

“这我就有信心了。”

“现在就讨论讨论？”

“时间不够了。我的个案要来了，等我咨询完再说吧。”秦一佩看了看墙上的挂钟说。

“好吧。”

“今天要谈了吗？”温韵轻声地问秦一佩，眼光转向小麦那边。

“嗯，早晚的事，赶早不赶晚。”

“好吧，我现在去和她说。”

温韵走到小麦的桌前，对她说："小麦，你先别忙着弄公众号，秦老师有些话要和你说。"

"啊，有话和我说？"小麦不解地望着温韵，继而又看向秦一佩。

"对，来吧，我们聊聊。"秦一佩腾地站起来，语气不容置疑，仿佛做了一个重大的决定。

"哦，好吧。"小麦一脸的问号，跟在秦一佩的身后，走进了咨询室。

"嗯……吭……"秦一佩清了清嗓子，事到临头，心里反而有点虚。她试探着，"小麦，怎么说呢？"

"秦老师，有什么话，你直接说。"小麦神情疑惑。

"那好，我就不绕弯子了。"秦一佩下决心开口，有种大义凛然的决绝，"你觉得赵志宏老师是一个什么样的人？"

"我……"小麦面露羞色，迟疑着，"一个睿智又温暖的老师呀！"

"嗯，他确实不错。为人正派，性格温和。但是，'晕轮效应'你是知道的。如果一个人喜欢另一个人，会无端地给那个人加上许多不存在的优点。其实那个人真实的样子，你可能并不知道。"秦一佩顿了顿，"我的意思是说，你真的了解赵志宏吗？"

"我，不完全了解。但是，秦老师，您为什么要问这个？"小麦眼睛斜视秦一佩，她好像觉察到了什么，语气变得犹疑又小心。

"你就告诉我，你是不是很欣赏赵老师？"

"是啊，欣赏呀。"

“只是欣赏？就没有什么别的想法？”秦一佩追问。

“别的想法？”小麦恍然大悟，真正明白了秦一佩的意思，慌忙摇头否认，“没……没有。”

“真的没有吗？也许你自己并没有意识到，但是，有句话叫作‘旁观者清’，我们可都感觉你对赵老师好像产生了一种不一般的情感。”秦一佩说，“你先不要否认，我这话也不是凭空臆想。你这几个月的生活费大都花在咨询上了吧？那天赵老师说你已经可以结束咨询了，可是你不肯。连他都感觉有些不同寻常。况且，在你的言谈举止中，有时，会不自觉地流露出对他的好感，这些我们可都看在眼里。不过，你也千万不要误会，我现在不是在责怪你。只是，我和温老师担心你处理不好这份情感，会伤害到自己。”

小麦低着头，沉默不语。

“你也是学心理学的。你应该知道，人有的时候会不自觉地陷入一种情感，但其实那只是一种幻觉。以为自己找到了想要的感情，其实，不过是自我欺骗而已。”

“我现在也说不清楚我对他的情感具体是什么，也许对他是有些依赖，因为赵老师能给我一种从没有过的温暖和安全感吧。”小麦说。

“这是不是你生命中一直缺失的？”

“嗯，以前没有人给过我这种感觉。”

“你的父亲也没有吗？”

“没有，父爱正是我最缺失的。”

“也就是说，你父亲从未给过你的关爱，你在赵老师那里感受到了，所以不舍得放下？”

“嗯，也许是吧。”

“所以，你其实只是希望拥有像赵老师那么温情的父爱，而不是别的什么？”

“你是说，我对赵老师的情感是一个女儿对父亲的依赖？”

“一开始可能是吧，后来或许有了些变化，掺杂了其他的情感。”

“哦。”小麦沉思了片刻，然后看着秦一佩的脸不安地问，“我这样是不是不道德？”

“你想多了，没那么严重。”秦一佩笑着说，“你又没做什么。再说，一个女孩突然对某个已婚男人有了好感，也很正常。只是，要懂得适可而止。”

“嗯，我知道了。”小麦说，“我会好好想想，厘清自己的情感。”

“那就好。有什么困惑，你都可以找我谈。”秦一佩说着，站起身，抚摩着小麦的肩膀，“我可是不收费的哟！”

“谢谢你，秦老师。”小麦不好意思地笑了。

第十章

直面死亡：创伤性应激障碍 vs 心理陪伴

“你有咨询吗？”温韵问吕云英。

吕云英刚想说什么，有人打开虚掩的门，探进头来。

“请进，进来吧。”小麦热情地招呼着，很专业地做出“请进”的手势。

“啊，我，我找秦一佩，秦老师。”来人吞吞吐吐地说。这是一个五十岁左右的中年男人，他的身后跟着一个差不多年纪的中年妇女。男人脸上的笑容很勉强，就像是被谁拿枪指着不得不挤出来似的。女人则目光呆滞，满脸凄惶。

“我是，请过来坐吧。”秦一佩起身招呼他们。温韵和吕云英赶紧把沙发让出来，走进沙盘室，好给来访者腾出空间。

不一会儿，温韵和吕云英听到有人走进了咨询室。沙盘室和咨询室之间的墙有点薄，不太隔音。所以，她俩各看各手上的东西，几乎不交流。即便要说点什么，也尽量放低声音，近乎耳语。

忽然，隔壁传来女人的哭泣声，声音由低低的、颇为压抑的啜泣声，慢慢变成放声大哭，进而声音越来越大，由号啕至干号。像暴风雨中的海浪，不停地咆哮，一浪高过一浪，直到释放出所有的能量，到达最高点。

温韵和吕云英面面相觑，吕云英用唇语问温韵，温韵辨别出一句话："要不要过去看看？"温韵想了想，默默地摇了摇头，她相信秦一佩有能力应对这种状况。

渐渐地，哭声像一个走钢丝的人，在走到一个顶峰后，转身开始慢慢往下走，最后变成呜咽。这时，小麦出现在门口，伸了半个身子进来，对吕云英说："吕老师，你的来访者来了。"

"好，我马上来。"说着，吕云英站了起来，对温韵说，"我得用一下沙盘室。"

"哦。"温韵连忙跟在吕云英的身后，到客厅去。

大约两个小时后，秦一佩结束了咨询，走出咨询室。她拉着中年女人的手，像即将离别的老友，小声地叮嘱着什么。女人抬头的瞬间，温韵发现她的眼睛红肿，脸上泪迹未干，但是神情却舒展、轻松了一些。

"唉，好累呀！"送走来访者，秦一佩瘫倒在沙发上，像霜打的茄子。尽管温韵没有见过霜打的茄子，但是，一看到秦一佩的样子，突然就想到了这个比喻。

"怎么，久经沙场的老将，也有受不了的时候？"温韵打趣她。

"唉，作为一个母亲，这种深切的痛苦，我想，要是我，也扛不住呀！"秦一佩没有回应温韵，自顾自地感叹着。

"母亲深切的痛苦？是孩子出事了？"同为母亲的温韵，敏感地抓到了秦一佩话里的核心。

"嗯。一个月前，她的女儿从学校的楼顶跳下去，死了。"

秦一佩说。

“什么？”温韵有点吃惊，她想到了黄茹，“哪个中学的？”

“三中。”

“果真是同一个学校的。”温韵自言自语道。当看到秦一佩疑惑的眼神，解释道，“我的一个来访者就是因为亲眼看到这个女孩跳楼，得了创伤后应激障碍。”

“咦，这么巧？”

“可不，就这么巧。可惜，不是什么好事。”

“是呀，人间悲剧！刚才我真是费尽了口舌，几乎用尽了前半生所学，总算舒缓了一下她的悲伤情绪。现在，我感觉自己都被掏空了。”秦一佩转了个身，面对温韵问她，“你以前接触过这样的个案吗？有什么更好更有效的咨询手段吗？”

“这种情形，一切咨询手段都是多余的，甚至连安慰也是苍白的。唯有亲人和朋友的陪伴、倾听、鼓励，或许还能有一点点作用。毕竟，对于这种情形，时间才是最有效的良药。”温韵说。

“唉，想到她失去女儿，我特别同情她。但是，想到这悲剧其实完全是由她自己一手造成的，又特别气愤。”

“怎么回事？”

“本来女孩已经有些症状了，比如情绪很低落，几乎每天都以泪洗面，总喃喃自语地说一些莫名其妙的话，不想上学，可做父母的还不当回事，总觉得学习更重要，不能耽误上课，非要等到放假，才肯带女儿去看医生。结果……”秦一佩痛心得说不下去了。

“是呀。现在虽说已经是二十一世纪了，但中国还有很多父母观念陈腐、目光短浅、急功近利，漠视孩子成长中过程除了学习以外，其他一些不可或缺的更为重要的心理需求，比如良好的性格、习惯、爱好、能力、休闲等。在他们的眼里，生活中只有学习、考试、分数、补习……其他与学习无关的事，都是不正当的事。每天像中了邪似的，抽陀螺一般鞭打着孩子。直到孩子受不了，滑出了生活的正常轨道，他们才有可能停下来，反思一下自己的行为。可是，真到了那个时候，孩子已然千疮百孔，人将不人。可怜无辜的孩子，就这样成了父母错误教养理念的牺牲品。"

"就是。'父母'这个头衔来得太容易了，太顺理成章了。可是，又有多少人担得起'父母'这个称号，配做别人的父母呢？"

"不配做不说，还理直气壮地以'父母'的身份，高举'爱'的旗帜，干着'伤儿害女'的事，却毫不自知！直到把孩子养废、养残，甚至养死，真是可悲呀！"

"所以，为人父母之前，还是应该像我们一样培训一番，持证上岗。时不时地还得进行阶段性考评，接受上级督导，合格了，继续当；不合格，随时下岗，再培训后再上岗。"

"主意不错，不过，操作起来难度不小。"

"关键是政府部门要重视，上下一盘棋，都行动起来，总会有办法的。"

"确实，需要各方协同努力！"

一提到这些教育问题，两个人总是忍不住义愤填膺地吐槽一番。毕竟，在她们的职业生涯中，见过太多这样的案例，有的已经严重到无法干预的地步。两人疾言厉色一番，也不过逞一时的口舌之快，过后，总会有一种无能为力的虚空感悄悄地袭上心头。

第十一章
不开心的开心果：隐匿性抑郁

吕云英的来访者是一个胖胖的男孩，十二三岁的样子，叫李祥雨。他的妈妈很年轻，打扮得也很时尚。与其他来访者不同的是，这位妈妈一脸的轻松，不像是带儿子来做心理咨询的，倒像是来参观游览或访友的。男孩也是一副吉庆有余的笑模样，看不到一丝的忧愁。温韵脑子里不由地闪过一个念头：这对母子怕是走错门了吧？

“老师，你会给我做催眠吗？”李祥雨问吕云英。

“我不会做催眠。怎么，你想做催眠吗？”吕云英问他。

“我不想，那都是骗人的！”李祥雨说完，轻笑了一声，很是轻蔑。

“你做过？”

“嗯。在另一个心理诊所。”

“哦，那你的感受是什么呢？”

“没什么感受。他以为我被催眠了，其实，我很清醒。他还拼命想套我的话，想知道我的所有事情，我偏不告诉他。”李祥雨说着，微微地晃动着脑袋，很为自己的“宁死不屈”而自豪。

“那你为什么不说呢？”吕云英心里咯噔一下，看来，这是个阻抗很严重的来访者，也未必肯对自己说实话。

“不想说。”

“可是你不说，他就没有办法帮你找到问题的原因。更何况，你妈妈出了那么多钱，一点儿疗效都没有，不是白花了钱。”

“所以，我让我妈不要在那里咨询了。太贵了！”

“多少钱一次？”

“三千。”

“做一次催眠三千？”吕云英竭力掩饰内心的惊讶，淡淡地问。其实，心里暗暗地吸了一口凉气，骂道，什么黑诊所，太坑人了！以这座城市的消费水平和咨询师的水准而言，实在是抢钱的价，纯粹的暴利！

“嗯。”

“我们这里的收费，你觉得如何呢？”

“还行。”

“那好，现在你愿意和我聊聊吗？”

“啊，聊吧。”

“你最近有什么烦恼或困惑需要我帮助的吗？”

“没有。”

“没有？那你为什么要来咨询呢？”

“是我妈要我来的，她觉得我需要心理咨询。”

“她为什么觉得你需要心理咨询？”

“我和她说我有点失眠，老觉得活着没意思，她就让我来做心理咨询。”

“你从什么时候开始失眠的？”

“不知道，最近一年吧。”

“有什么事让你很焦虑吗？”

“没有吧。”

“那你为什么觉得活着没意思？你不快乐吗？”

“不知道，反正没什么让我开心的事。”

“哦。除了失眠，你还有哪里不舒服？”

“说不清，反正，浑身没劲，什么都不想干。”

“和父母的关系好吗？”

“一般。他们忙生意，不怎么管我。”

“在学校里，和老师、同学关系好吗？”

“很好呀，大家都挺喜欢我的。”

“你学习成绩如何？”

“一般。”

吕云英沉吟了一会儿，对他说：“这样吧，我这里有张白纸，你写十句话来评价自己。句式为‘我是……人’。比如，我是个善良的人。总之，想到什么就写什么，不必深思。”吕云英拿出事先准备好的纸和笔，先示范了一句话，然后，递给他。

李祥雨接过纸笔，盯着发呆，半天下不了笔。

“没关系，什么都可以写，优点或缺点、爱好、性格之类的。”吕云英不得不进一步提示他。

“我是一个胖人。”“我是一个没有自信的人。”“我是一个衰人。”李祥雨低着头，艰难地写下这三句话，便停了下来。看着面前的纸张发呆。吕云英发现这三句话透露出的信息都是负面的，忍不住提醒他：“可以写写你的优点。”

“我没优点。”李祥雨抬起头。面无表情地说。

“你刚才不是说大家都挺喜欢你的吗？那说明你的人缘很好，是吧？”

“他们只是喜欢看我搞笑。”

“那你很幽默咯？”

“算是吧。”

李祥雨低头写下：“我是个很搞笑的人”，写完这一句后，就再也写不下去了。

“你很介意自己胖吗？”吕云英拿起纸，轻轻地念了一遍，问道。

“介意呀！班上有同学老叫我肥猪，我很烦。”

“那你有没有想办法减减肥？”

“减过，减不下来。”

“哦，为什么说自己是个衰人，还没自信？”

“我就是呀！成绩不好，什么都一般，也没什么才艺。”

“所以，你对自己很不满意。”

“嗯。”

“可你会搞笑，给大家带来欢乐，这就是一个才艺，也是一个优点。”

“那不算什么。”

“其实，不是人人都有让别人开心的能力的。说不定，还有同学羡慕你这个能力呢。”

“不会有人羡慕我的，他们其实都看不起我。”

“他们是谁？”

“班上的同学和老师。”

“你是怎么知道他们看不起你的？”

“感觉呀。反正，我就是知道。”

“你在班上没有好朋友吗？”

“没有。”

“没有一个好朋友吗？”

“小学三年级时有一个，但是，五年级的时候，他转学了。”

“哦。那在家里，爸爸妈妈会夸奖你吗？”

“不会，他们忙……”李祥雨双手垫在两只大腿底下，身子来回扭动，显得很不耐烦的样子。

“好吧，这样吧，”吕云英站起来，指着沙盘对他说，“你看，这是沙箱。沙箱底部的颜色是蓝色的。蓝色能让你想到什么？生活中什么是蓝色的？比如，一会儿你做沙盘的时候就可以把它当作一片海或者一个湖或者一条河。这是白沙，你可以摸一摸感受一下，这个架子摆的叫作沙具，一会儿你就可以从上面任意挑选你喜欢的，最愿意摆的或者和生活最相关的沙具，按照你的意愿摆放在沙盘中。你愿意试试吗？”

“行。”李祥雨来了兴趣，走到沙箱前，抓起一把白沙，看着它从自己的手指缝间流下。

“来，再看看这边的沙具。看到这个沙具你想到了什么？脑子里有了什么样的画面？出现了什么念头？选一个自己最喜欢的或最有感觉的画面，然后用沙具把它呈现出来，好不好？如果找不到想要的沙具，你可以问我，实在没有，也可以找其他东西来替代。你怎么做都可以，我就在这里陪伴你。”

李祥雨先在沙箱里拨弄了一会白沙。吕云英看到沙箱左下角的沙子被拨开，露出一块三角形蓝色的沙箱底。

“这块代表什么？”吕云英问。

“大海。”李祥雨说。然后，又在海的中间堆起了一个沙包。随后，他走到沙具前，拿了一只狗和一只鸟，在沙包上挖了一个坑，默默地把它们埋在里面。

“你为什么埋它们？”

“它们死了。”

“你以前养过的宠物吗？”

“没有。”

“你不喜欢狗和鸟吗？”

“不喜欢！我邻居家有狗和鸟，天天叫，太烦人了。”

接着，李祥雨在沙箱的右上角，放了一具棺材，棺材上放了一个骷髅。棺材的旁边分列着两个木乃伊玩偶。每个玩偶的前面是埃及法老的头部石像。

“为什么这里要放个棺材，棺材里有人吗？”

“有，如果我死了，就放在棺材里。”

“这两个木乃伊呢？”

“这两个木乃伊是守卫。”

“你这么小的年纪，为什么老想着死？”

“不知道。其实，死了也没什么。”

李祥雨在沙箱正中偏右，用塑料绿植围了一个大圈。里面被他一点一点地放满了猛禽，有狮子、老虎、豹、黑水牛……他还在里面放了苹果。而右下角，有一个白衣厨师拿着一把刀，支起一个案板，作宰杀状。旁边还有一位胖胖的厨娘准备生火炖肉。

“森林里只有猛兽，没有其他的动物吗？比如鹿、狐狸、兔子之类的。”

“他们都被咬死了。”李祥雨冷漠地说。

他又走到沙具前，拿了几个沙具，然后将一艘帆船放在海里，一个海盗立在船边。一架飞机，他放了几个地方都不满意，最后，放在了厨师斜上方的角落里。

“为什么要放一架飞机在那里呢？”

“我喜欢飞机，可以到处飞。”

摆完后，李祥雨退后一步，双手交叉在胸前，欣赏着自己的杰作，脸上带着笑意，似乎很满意。但是，吕云英看着这副沙盘场景，和李祥雨脸上轻俏的笑容，感受到了一丝诡异的气息，她不免有点心惊肉跳。

“祥雨妈妈，这是你儿子摆出来的场景。”吕云英结束了和李祥雨的谈话，让他先去客厅等候，然后把他妈妈叫到沙盘室，“你看了，有什么感受？”

“怎么还有棺材和木乃伊？挺瘆人的！”

吕云英没有马上回答她，而是伸手把刚才李祥雨埋在沙包里的那只狗和鸟挖了出来，说："这是你儿子亲手埋到沙包里的。他特别不喜欢狗和鸟吗？”

“没有吧。他有时候也会逗狗的。”

“他说他死了，就躺在那个棺材里。”

“这孩子到底在想什么？”李祥雨的妈妈突然控制不住自己的情绪，泪水倏地涌了出来。

“请坐，喝口水吧。”吕云英拉着她坐在椅子上，等着她情绪平复下来。

“我不知道这孩子怎么会成这样？平日里看着也挺正常的。”李祥雨的妈妈说，“要不是老师说，李祥雨最近脾气暴躁，经常和同学发生冲突，让我带他做心理咨询，我真不知道我儿子有心理问题。温老师，李祥雨的心理问题到底严不严重？”

“一个十二岁的男孩天天把死挂在嘴边，对生活失去了兴趣，你觉得呢？”

“他是不是病得很重？”

“这个还需要进一步的检查。你平时还听他说过自己哪里不舒服吗？”

“好像没有。我和他爸爸平时也忙，他还有个妹妹，所以，没怎么管他。”

“从小就没怎么管吗？”

“嗯，从小跟着外公外婆长大，上小学才跟我们在一起。”

“你有想过为什么李祥雨这么不开心，不快乐，老想着死吗？”

“我就是想不通。他一直是大家的开心果，在家里也是。”

“可是，他一直很自卑，你知道吗？”

“这我知道，他不太自信，觉得自己胖，成绩一般。”

“可能，这正是他喜欢在人前搞笑的原因。他是想引起别人的关注。”

“吕老师，你意思是说他的开心全是装的？”

“从刚才的咨询中，我对他的判断，应该是，至少最近这一年是这样的。潜意识中，他想得到周围人的认可，但是又没有什么拿得出手的才艺。结果，只有拼命地讨好别人，获得一点关注。但是，装出来的开心毕竟不是真开心，时间久了，只会让人耗尽心力，身心俱疲。最终，开始厌恶这样的自己，进而，厌恶这样的人生。所以，他表面上给人的感觉没心没肺，很开心的样子，实际上内心很压抑、痛苦。慢慢地，脾气便会变得暴躁，人也变得更古怪。”

“哦，吕老师，你说得有道理。我有时候也觉得这个孩子有些古怪。”

“怎么古怪了？”

“有时候，他对她妹妹挺亲的，有什么东西都分给妹妹。有时候，妹妹碰了他的东西，他会发狂，打他妹妹。有一次，我看到他用打火机烧他妹妹的头发。他爸爸知道后，狠狠地打了他一顿。”

“他爸爸经常打他吗？”

“也不经常。反正,犯了错就会打。他爸爸那个人,也很急躁,没什么话。”

“打得狠吗？”

“一般都挺狠的。所以，他不愿意和他爸爸说话，怕他。但和我还能说些话。”

“他爸爸平时不带他一起运动或做些别的活动？”

“没有。他忙，没时间管孩子，也不知道如何与孩子相处。”

“你看，你们家这种家庭氛围，尤其是他爸爸，对李祥雨缺乏关爱和鼓励，怎么能让他感受到爱和温暖？而缺乏爱和温暖的孩子，一般都会自卑、敏感、悲观、脾气古怪，对生活没有热情，对人生没有向往。李祥雨现在就是这种状态。”

“吕老师，那我们应该怎么办呢？”

“首先，建立起温馨、和睦、有爱的家庭氛围。其次，要给予孩子更多的关爱和支持，让他感受到父母发自内心的爱。最后，要经常鼓励他，让他看到自己的长处，增强自信。具体的做法，可以上网学习一下相关的文章。”

“哦，好的。”

“密切关注他的情绪。如果情绪持续低落，建议去医院心理专科门诊看看。”

“好。”

“你怎么来了，有咨询吗？”温韵问吕云英。

“嗯，那个摆出‘死亡’主题的孩子要过来。”吕云英曾让温韵和秦一佩一起看过李祥雨摆出的沙盘场景。她们共同的感受是这个孩子的心灵上笼罩着一层“死亡”的黑纱。

“你可得谨慎点，一旦他有自杀的倾向，要告知父母，先去就医。”温韵叮嘱她。

“这是肯定的，上次我就让他父母带他去看医生了。”吕云英说。

“如果被确诊为抑郁症，你还是转介给秦一佩吧，这方面她比较专业。”

“好，等他来了，我问问。”

“李祥雨，你好。”吕云英微笑着和他打招呼。因为他妈妈说，医生只是说李祥雨有些焦虑和抑郁的情绪，没有被诊断为抑郁症。所以，吕云英决定继续给他做心理咨询。

“嗯。”李祥雨淡淡地回应。

“最近心情怎么样？”

“一般。”

“嗯……”吕云英大脑不停地转动着。

这种惜字如金的来访者，似乎专为考验咨询师的耐心和专业技能而来。他们的防御心很强，对外人没有信任感，不愿表露自己的心迹，或者表达能力欠缺，自己也说不清自己的状况。

“你妈妈说，上个周末你们一家人去爬山了？”吕云英竭力寻找李祥雨的兴趣点，作为突破口。

“嗯。”

“你觉得好玩吗？”

“还好。我和爸爸爬得很快，把我妈妈和妹妹落下很远。”李祥雨说这话时，居然有了些许表情，似笑非笑。

“你当哥哥的，为什么不等等妹妹呢？”

“等了。我们爬到了一个庙里，等她们。”李祥雨说。也许意识到了自己的不对，马上又否认了自己刚说过的话，“其实，也没落好远。”

“庙里都有什么？”

“几个菩萨呀，还有小鬼拿着叉子。”李祥雨伸手比划着，来了兴致，“你说，世界上真的有鬼吗？”

“你说呢？”

“肯定有。我奶奶说，她就看见过。”

“她什么时候、在哪里看到过？”

“有一年鬼节的晚上，就在村头的大树下，她看见了。”

“你相信吗？有没有可能是你奶奶眼睛花了，把别的东西误以为是鬼呢？”

“反正，我奶奶说是真的。”李祥雨说，“我也希望有。”

“为什么？”

“我死了就想变成鬼。这样就可以到处游荡，吓唬别人。”

“你有想吓唬的人吗？”

“有。”

“谁？可以告诉我吗？”

“体育老师，还有班上的一个同学。”

“为什么？”

“他们对我不好，老骂我、嘲笑我。我恨死他们了。”

“这些事情，你有跟班主任或你的爸爸妈妈讲吗？”

“没有。”

“为什么？”

“班主任又不管。我爸爸妈妈……”李祥雨撇了撇嘴，咽下了后面的话。

“下次你可以尝试着讲给爸爸和妈妈听，我相信他们一定会帮助你的。”

李祥雨瞟了吕云英一眼，对她的话半信半疑。不管怎样，李祥雨的话渐渐多了起来。吕云英乘机询问了他最近的学习情况，帮他分析了学习中遇到的问题，又教给他一些简单实用的学习方法。随后，吕云英依旧用了相同的时间，对李祥雨的妈妈进行了心理辅导。

李祥雨母子走后，吕云英瘫坐在沙发上，不停地做深呼吸，自己给自己做放松。接待李祥雨这种年少、思维水平有限、满脑子怪异想法的来访者无疑是一场艰苦的心理战。就像踮着脚尖行走在即将解冻的冰面，每一步都必须小心翼翼，提着心吊着胆。但是，进展却十分缓慢。

“怎么，不太顺利吗？”温韵问吕云英。

“感觉像在推一块巨石，就算使尽了全身力气，巨石也不过微微颤动了一下。”吕云英有气无力地说。

“可毕竟是动了，加油！”温韵右手握紧拳头在她眼前晃动着。

“我已经想过了，对李祥雨的心理咨询，可能沙盘游戏更适合他。所以，我跟他妈妈说了，下次务必让他的父亲一起过来，一家人来做个沙盘治疗。”

“嗯，这个主意不错。毕竟，那个孩子的语言表达能力有限，自我意识不完善。”温韵说，“再说，这个急不得。国外的很多个案，短则几个月，长达十几年的都有。”

“但是，中国人可不管这些，只想立竿见影，巴不得一两次心理咨询就解决问题。”吕云英说，“一旦几次没有太大的效果，就会觉得你这个心理咨询师是骗人的。”

“尽人事听天命，顺其自然吧。”温韵说，“观念的改变也不是一两天的问题，还是得慢慢来。”

“温老师，我现在叫外卖吗？”小麦走过来问。

“不用了，今天出去吃，我请客。”温韵说。

“真的？温老师，今天是什么重要的日子？难道你有喜事？”小麦兴奋起来。

“喜事没有，不过，今天是我生命中第一次请客的纪念日。”温韵一本正经地瞎掰。

“哈，你的生活也太有仪式感了吧。”吕云英忍俊不禁。

“人生既已多艰，何不自求欢乐。”温韵说着，去拉吕云英，“别再瘫着了，起身，阔步向前！”

李祥雨的爸爸终于现身心理诊所，尽管他有些心不在焉，像一位偶尔经过，想讨口水喝的路人。不过，他的到来让吕云英有些欣喜。这样一来，她酝酿许久的家庭沙盘治疗便有了实施的机会，由此，她就可以更清楚地了解李祥雨的家庭关系，这对李祥雨后续的心理咨询很有帮助。有时候，心理咨询师想治愈来访者的心情比他们的亲人还要迫切。不知道这是不是一个好的心理咨询师应该有的心态？吕云英常在心里问自己。

李祥雨的爸爸很内敛，寡言。健壮、适中的身材和他方正黝黑的脸庞，提示着每一个看到他的人，这个男人意志强硬，不易被说服。跟李祥雨爸爸的性格形成鲜明的对比，他的妈妈性格温和，不太有主见。

“首先，谢谢祥雨爸爸百忙之中抽时间过来。”吕云英先给李祥雨的爸爸一个肯定。任何一个人都会对认可自己的人瞬间产生莫名的好感，吕云英深谙此道。

“啊，应该的。”李祥雨的爸爸听到吕云英这样说，反而有些不好意思。本来阴沉的脸上勉强闪现一丝笑容，但又迅速恢复原状。

“今天，我们做一个家庭沙盘游戏治疗。”吕云英指着眼前的沙箱说，“具体地说，就是爸爸妈妈和孩子一起来玩沙盘游戏，最后，你们一家三口合作完成一个沙盘作品。这个作品的主题就是‘我的家’。”

“现在，你们先一起把手放在沙子上，静静地感受一下沙的质感。”

李祥雨和他的爸爸妈妈每人站在沙箱的一边，依指令把手放在沙箱里，抚弄沙子。

“什么感觉？”

“舒服。”李祥雨说。

“细腻、柔滑。”李祥雨妈妈说。爸爸嘴唇动了动，终于还是没有吐出一个词。

“好。”大约半分钟后，吕云英说，“请你们用这些沙具在沙盘里摆出你们想摆的任何内容，想怎么摆就怎么摆，其他人不要干涉别人的摆放。并且，一次只能拿一个或一类沙具。另外，你们还要自己商定一个摆放的顺序，大家轮流摆放，如果有人这一轮不想摆也可以。别人摆到沙盘里的沙具不要动，非要移动或拿走必须征求摆放人的意见，你们都明白了吗？还有不明白的可以问我。”

“可以拿同样的沙具吗？”李祥雨问。

“可以。”吕云英说。

“可以摆一样的吗？”李祥雨妈妈问。

“最好不要，应该遵循自己的内心或第一感觉摆放。”吕云英说。

于是，沙盘游戏由李祥雨先开始，然后是爸爸，最后是妈妈。吕云英则在一旁陪伴他们，并对他们摆放的过程进行仔细的观察，做一个简单的记录。

然而，一家人的创作并不太顺利，李祥雨暗黑系的创作理念，马上遭到了爸爸强硬的阻挠和干涉。虽然妈妈在父子二人之间像一个厚厚的垫子，缓冲了两父子的一些争执，但是两个人还是差点赌气不干了。吕云英只好不时地在旁提醒爸爸，这是一个游戏，需要遵守游戏规则，不得随意干涉他人。

当沙盘作品终于完成后，一家人坐下来，分享自己摆放时的真实感受。

“我选了一个古堡当我家，是因为古堡很酷也很坚固。”李祥雨说。

“我不喜欢李祥雨的古堡，想让他换一个，他不同意。所以，我另选了个彩色的联排楼房。”李祥雨爸爸说。

“我两个都不喜欢。但是，也不可能再弄第三个家吧？”李祥雨妈妈说，“我只好在他们的两座房子之间搭了一座长廊，感觉这样才像一个完整的家。”

“嗯，我还注意到，李祥雨把你的长廊截断了。”吕云英说。又问李祥雨，“为什么这么做？”

“不喜欢它们连在一起，我只喜欢自己的城堡。”李祥雨说。

“这里有四个人偶。有三个挨得比较近，都坐在小桌子旁边。这一个为什么这么远？站在河边。”

“我先拿了一个男性玩偶，放在河边。然后，李祥雨拿了一个小男孩玩偶放在桌边，她妈妈跟着他，摆放了一个女性玩偶和一个小女孩玩偶。”李祥雨爸爸说。

“妈妈的感觉，这四个玩偶的关系是怎样的？”

“感觉，好像坐在一起的是我和两个孩子，那个远的就是他爸爸。我们娘仨的关系要亲密些，他爸爸和我们比较疏远。”

“祥雨爸爸你能理解为什么祥雨没有把自己的玩偶放在你的身边吗？”吕云英问。

“他可能有点怕我吧。”李祥雨爸爸说。

“可能不只是怕，这是一种情感上的疏远。包括阻断能和你发生连接的廊桥，也是一种潜意识的表达。”吕云英说。

“你为什么不把玩偶放在我这个玩偶身边呢？”李祥雨爸爸好像不太相信吕云英的话，他有些不死心，质问李祥雨。

“就是不想。”李祥雨大喊一声，没有给出更多的解释。

“祥雨，你的房屋旁放了这么多的飞机，你是怎么想的？”吕云英问。

“我喜欢飞机。”李祥雨说，“如果有敌人来了，还可以坐飞机逃走。”

“哦，这样。”吕云英说，“那么，哪个地方是你不太满意，想要拿走的呢？”

“我不喜欢这个彩色房子。”李祥雨指着他爸爸摆的那栋房子。

“为什么？”

“不坚固。”李祥雨说。

“那爸爸妈妈呢？”

“我不喜欢李祥雨阴森森的房子，和他这个表情怪异的玩偶。”李祥雨爸爸说。

“我不喜欢爸爸这个玩偶离我们这么远。”李祥雨妈妈说。

“那么，祥雨，我们要不要把爸爸这个玩偶也放在桌子前？”吕云英问。

“嗯……”李祥雨有些犹豫。

“你看，你在房子的背后放了一只大老虎，这很危险，我们需要爸爸来保护我们。”没等吕云英开口，李祥雨妈妈已经开始说服李祥雨。

“那好吧。”李祥雨终于点头答应，指着桌子旁边的大树，“不过，他站在树下就可以了。”

李祥雨妈妈把爸爸那个玩偶放在了树下。

“我也要在桌子旁。”李祥雨爸爸说着,抓起玩偶放在桌子边。

“不行。”李祥雨对爸爸说，但也没敢挪动。

“嗯，这样看着，有点像一家人了。”吕云英说，“你们对自己的作品还满意吗？”

“满意。”李祥雨妈妈说。父子俩没有吱声，算是默认。

“好吧。今天的沙盘游戏就到这里了。”吕云英说，“祥雨，你先到客厅去坐一下，我还有些话要跟你的爸爸妈妈说。”

李祥雨出去后，吕云英说：“我先说说我对你们一家人摆沙盘时的一些观察和感受。我发现在整个摆放过程中，爸爸经常干涉李祥雨，总是把自己的想法强加于他。于是，导致李祥雨时刻处在与爸爸抗争的状态，而妈妈则对父子俩的纠缠无可奈何。只是把一些花花草草摆放在四周或者摆放一些无关紧要的生活物件。所以，从中可以看出你们家人与人之间的关系。爸爸在家庭中处于绝对的领导者地位，喜欢掌控全局。妈妈在家庭中，话语权不多，还可能有一种得过且过的心态。当然，这只是我刚才通过自己的观察得到的一种直观的感受，也不能说就是真正的现实。”

“其实,吕老师,你说的就是我们家的现状。”李祥雨妈妈说,“我们家都是他爸爸说了算。我有时候有什么想法，都不敢跟他说，更何况祥雨。”说到这里，李祥雨妈妈不知道是不是想起了曾经的委屈，声音变得哽咽。

“我承认陪你们娘仨的时间少，但我不是工作忙嘛。”祥雨爸爸咕哝着，为自己辩解。

“不是忙不忙的问题，是你和孩子的沟通模式有问题。你总是打击祥雨，从来不鼓励他。”李祥雨妈妈说。

“我……我小时候也是这么过来的，也没像他那样。”李祥雨爸爸说。

“祥雨爸爸，人和人之间是千差万别的。或许一个刺激对于一个人来说无关痛痒，可是对于另一个人，却是痛彻心扉。”吕云英说，“再说了，祥雨爸爸，你小时候，父母这样对你，你就真的觉得没有受到伤害吗？”

李祥雨爸爸沉默不语。

“我知道祥雨爸爸不喜欢祥雨的古怪城堡，但是，这是祥雨内心最真实的表达。我们不能阻碍，只能尊重。重要的是，要思考为什么这个孩子心中有这么多阴暗的意象？”吕云英停顿了一会儿，看着祥雨爸爸逐渐凝重的神色，知道他已经有所触动，于是拿出手机，翻出一张照片给他看，“这是祥雨第一次的沙盘作品，你看看，有什么感受？”

“这真的是他摆的吗？”祥雨爸爸有点不敢相信，瞬间，他的眼圈红了。

“是的。一个孩子笑着摆出一副‘死亡’主题的作品，任何人看了都会感到心惊肉跳，不禁要问这个孩子到底经历了什么，才如此厌世。”

“我早和他说了孩子在学校的经历，让他多陪陪孩子，多开导他。他还不以为然。”李祥雨妈妈不满地说。

“我不知道祥雨的情况这么严重。”李祥雨爸爸嘟囔着。

“你又不和他好好说话，你当然不了解他了。”李祥雨妈妈气结，声音显得格外尖厉。与其说是为李祥雨，还不如说是为自己长久以来淤积的不满和委屈讨个说法。

“我不知道怎么和他交流。”李祥雨爸爸说。

“只要你有这个心，这些都是可以慢慢学习的。”吕云英说，“有什么疑问，也可以问我。”

在这个家庭中，父亲专断、自我，对家庭成员缺乏足够的关心和尊重。母亲能力弱、自卑，无力与爸爸对抗，但又害怕失去家庭，便压抑自己的情绪，小心翼翼地度日。而身处其中的李祥雨，无法从家庭中感受到关爱和获得支持，也就缺乏足够的心理能量对抗现实世界的种种挫折。于是，太多的挫败感和不如意让他慢慢地失去了活着的乐趣和勇气，小小年纪便消极厌世。其实，李祥雨不过是这个病态家庭的一只替罪羊，代替这个家庭发病。

“祥雨，你好。”吕云英和李祥雨已经比较熟络了。

“吕老师，你好。”李祥雨的声音听上去有些轻快的喜悦。

“你看上去好像黑了点，最近在忙什么？”

“除了上课，现在有时间，经常和我爸爸去打篮球。”

“和爸爸在一起打篮球感觉怎么样？”

“还好，我爸爸篮球打得挺好的。”

“你们有话聊吗？”

“不太多吧，但有时可以聊聊学校里发生的事情。”

“他能给你一些建议吗？”

“有时会给。”

“那你在学校过得怎么样？”

“还好。”李祥雨停顿了一下，接着说，“其实，我也知道，我虽然能逗笑别人，但是他们也不一定看得起我。”

“但是，也不一定都看不起你。你仔细观察过没有，也会有那么几个人，是真的觉得你人不错，挺有才艺的。是吧？”

“嗯，有两个同学还比较真诚。但是，我觉得我还是得把学习搞上去才行。”

“学习好固然可以给你的人设加分，但是，与人交往，重要的还是看人品，对吧？你也不愿意和学习好但人品差的人做朋友吧？”

“嗯。班上有个学霸，大家都挺讨厌他的。”

“所以，如果你觉得自己足够真诚、善良、正直、诚实，就应该为自己骄傲。成绩、才艺之类的，都是次要的，学会做人最重要。”

“嗯，我明白了。”

“在家里，妈妈对你的态度有什么变化？”

“比以前更关心我了，我们更亲近了。”

“脑子里还时常想到‘死亡’这个词吗？”

“偶尔。但是，大多数时候，还是觉得活着也挺好。”

“嗯，只要活着，你就能遇到许许多多美好的事。”

有时，人们并不像表面上看起来那么快乐。脸上挂着灿烂笑容的人，可能比那些面无笑颜的人更悲伤。隐匿性抑郁就是这样一种心理疾病，是非典型抑郁症。发病时往往因为伪快乐的情绪状态，不易被外人觉察。但当事人却有着抑郁症典型的临床生理症状，如反复持续出现的各种躯体不适和植物神经症状，如头痛、头晕、心悸、胸闷、气短、厌食、腹部不适、腹泻、便秘、体重减轻、躯体各部疼痛、性欲丧失、失眠、周身乏力等。严重者可能会发生自残、自杀。因此，每个真正关心亲人和朋友的人，应该细心体察身边人真实的心理状况，而不是只看到他表面的阳光和平静。

第十二章
平行宇宙：世界观 vs 逃避

“温老师，乔真真上次的那个来访者的妈妈要求退款。”

温韵刚走进诊所，小麦就向她报告。难怪出门时就有鸟儿拉了一坨屎在车窗上，果真没好事。人们总是习惯性地把一些不好的事联系在一起，冥冥之中好像真有什么神秘的力量在安排一切。事实上，这只不过是巧合而已。当然，温韵并不迷信这个，只是让这种念头在脑际划过，而不像有些人深信不疑，奉为神旨。

“为什么？”

“男孩说，心理咨询没用。还说什么心理咨询师还不如我懂得多。”

“所以，他父母就信了？”

“嗯，他不想再来做咨询了。”

“怎么回事，真真？”温韵转身看到乔真真坐在沙发上发呆，便问她。

“温老师，你知道平行宇宙吗？”乔真真没有回答温韵，反而向她提了个问题。

“看过一点介绍，怎么了？”

“那天，那个男孩问我，”乔真真一脸的挫败感，“我只能实话实说，我不太清楚。”

“那个男孩？哦，就是高高大大，挺帅气，穿一身名牌运动服的那个？”温韵想起来了。那个男孩来的时候，温韵也在。当时，她心里还犯嘀咕：这么阳光的男孩，怎么会有心理问题？

“是。他问我看过《天才在左　疯子在右》吗？知道平行宇宙吗？这本书，我倒是看过。不过，我告诉他平行宇宙只是猜想，并没有被证实，也许并不存在。但他深信不疑。可能就因为这个吧，他觉得我很无知。”

“哦，这样。”温韵转头对小麦说，“告诉她，可以退款。但是，让她亲自到诊所来，需要签个字，以做凭证。”

“那个孩子到底什么问题？”温韵问乔真真。

“在学校打架斗殴、辱骂老师、不服管教，成绩也很差。是老师建议父母带他来做心理咨询的。但是，他父母好像对心理咨询并不太认可，尤其是他父亲。他妈妈说，他父亲认为心理咨询都是骗人的，明明有时间，就是不来。”

“那就没办法了。什么样的父母教出什么样的孩子，父母都这么自以为是，难怪教出如此狂妄自大的孩子。”

“父亲忙生意，不怎么管他。妈妈又管不了。上了高中后，他更是我行我素，胆大妄为。”

“那这孩子该活得多自在呀？”小麦插了一句。

“其实不然，他妈妈说他情绪起伏很大，厌食，还经常失眠，并不快乐。”乔真真说。

“有暴力倾向的孩子，其实是心里淤积了很多愤怒和焦虑情绪，无处释放。就像一个炸药桶，随时会被点燃，把别人当作出气筒，借以发泄消极情绪。”温韵说。

“这是不是就是弗洛伊德的死本能在作祟？”小麦问温韵。

“没那么玄乎。”温韵说。

“其实，他暴力行为的养成，他父亲应该负很大的责任。”乔真真说。

“哦？”

“他跟我说，有一次他不小心砸碎了家里的一个摆件，他父亲二话不说，挥起一根拇指粗的棍子就打他，最后，棍子都被打断了。”乔真真说，“奇怪的是，他讲这个故事的时候，脸上带着笑，好像在说别人的事。所以，其实我还挺想继续为他提供咨询的。我总觉得这个孩子有些让人看不透，就好像穿着一身厚厚的盔甲，盔甲里真实的自己，被他死死地捂着，快被憋死了。”

“他父母和他本人都不配合，我们就没有办法继续干预。”温韵说。

“我能再劝劝他妈妈吗？”乔真真说。

“不必。心理咨询的基本原则就是来访者一定要自愿。否则，不会有咨询效果的。”温韵说。

“唉，这么帅气的男孩，可惜了。”乔真真深深地叹了口气，“他在和我讨论平行宇宙的时候，那种痴迷的神情，不太对劲。我感觉，他好像觉得现实生活很无聊、很虚无，幻想到另一个宇宙去。温老师，这个孩子以后会不会发展成精神病？”

“唉，难说。这种半懂不懂又偏执的孩子，很容易陷入这些缥缈的幻想中。不过，也许没你想得那么严重，别瞎担心了。”温韵安慰她，“见到他母亲，把你认为他们该注意的事项交代清楚就行了。”

“就是。心理咨询师和医生一样，不可能包治百病。总有一些病症，是我们无能为力的。”吕云英不知道什么时候站在温韵的身后，颇为感慨地说。

“好吧，也只能这样了。”乔真真叹息着。

心理问题与心理疾病的发生，究其根源，在于一个人人格的不完善，而完善人格是人一生的功课。确立正确的三观——人生观、世界观、价值观，则是完善人格的必修科目。从青年时代起，人的自我意识开始发展，并成熟起来。树立正确的人生观，便能够进行自我估价、自我检查与自我督促，进而正确地评价他人的行为。正确的世界观能让人对社会、对人生有一个正确的认识，让人能科学地分析周围发生的事情，保证心理反应的适度，防止心理反应的失常。正确的价值观让人拥有正确的自我认识，直接影响和决定着一个人的理想信念、生活目标和追求方向，让人内心对是非好坏建立一个正确的评价标准，对人们自身行为的定向和调节起着非常重要的作用。由此可见，正确的三观可以帮助人们减少内心的矛盾冲突，保持心态的淡然和平和。

第十三章
心理疗法之万变不离其宗

“看看，很漂亮吧？”秦一佩正把手机里自己拍的多肉植物的照片翻给乔真真和小麦看。

“好好看呀！秦老师，这都是你养的吗？”小麦和乔真真很尽责地捧着场，发出一阵阵惊叹声。

“那当然，大多数是才买的。”秦一佩有点尴尬地笑了笑。

“这种是什么？”小麦问道，“还有那种。特别美。”

“这是乙女心，那是黑法师。”

“啧啧，这名字取得，真是花如其名，高贵又神秘。”乔真真叹道。

“秦一佩，这都是小女孩喜欢的东西，不应该是你的风格呀？你什么时候转性了？”温韵调侃秦一佩。

“我没有转性呀。”秦一佩故作忸怩状，“人家其实一直都有颗少女心呢。”

“好了，该干正事了。”温韵瞧着秦一佩的架势，似乎要给全世界的人都看一遍才肯罢休似的，便赶紧宣布今天的工作事项，及时阻断她这个趋势，“秦一佩，今天的例会你可是主持人，准备好了吗？”

“不需要准备，我张口就来。”秦一佩说着，站了起来，走到沙发的正对面，拿起茶几上的一本书，“啪”地一拍，“升堂！”

“威武……”小麦和乔真真异口同声，煞有介事地配合着。

“我的书！”吕云英心痛地把自己带来的阿德勒的《自卑与超越》从秦一佩手中抢了过来，抱在怀里。

“严肃点。”温韵说。

“好吧，开会。对了，赵老师有事，缺席。应到六人，实到五人。”秦一佩说。赵志宏为了躲小麦，特意向温韵请假，暂时休整一段时间。

“今天的主题是心理咨询的理论与技术。顺便插一句，这个主题是乔真真提议的，在此，我表示感谢。”秦一佩向乔真真点了点头，乔真真则还了她一个飞吻。

“这个主题太大了吧？”吕云英皱着眉头，嘀咕着。

“没关系。大家想到什么就说什么吧，只是相互切磋切磋。”温韵说。

“谁先说？”秦一佩问。

“我来说吧，既然是我提议的，我就先抛个砖。”乔真真高举起右手，自告奋勇。

“欢迎真真抛砖，不过大家快戴上安全帽，免得被她误伤，嘿嘿。”秦一佩嬉笑着。

“放心，我的砖不大。”乔真真说，“大家知道，我现在比较热衷于音乐治疗。但是，我又很疑惑，音乐治疗是不是一种十分有效的心理疗法？我要继续坚持下去吗？”

"你不是做了个案吗？感觉如何？"温韵问。

"做是做了，但是，我还只是把音乐治疗作为一种辅助手段，不敢说就是真正意义上的音乐治疗。"

"我其实也一直很困惑。书上介绍的心理疗法有：精神分析疗法、行为疗法、来访者中心疗法、理性情绪疗法、贝克认知疗法、现实疗法、交互分析疗法、森田疗法、完形疗法……这么多，以后做心理咨询时，到底该用哪种呢？"小麦翻着书，一脸迷茫。

"何止这些，吕老师，你最近几年都学了哪些疗法？"温韵问。

"嗯，有接纳承诺疗法、积极心理治疗法、萨提亚家庭治疗模式、儿童游戏疗法、意象对话心理疗法……"吕云英扳着手指，细数了这几年学习到的方法。

"天哪，这么多？"小麦惊讶地张大了嘴。

"对了，吕老师，你参加了这么多培训，主要感受是什么？"温韵问她。

"心理咨询的方法虽然派别很多，方法各有不同。但是，其实它们之间是有相通的地方的，只是诠释的方式和侧重点不同而已。实际上，我现在对曾学过的那些疗法都有些分不太清谁是谁的了。"吕云英不好意思地笑了笑。

"你这是贪多嚼不烂。"秦一佩说。

"多了解一些疗法，也没有错。不过，我也觉得这些疗法的理论大多是脱胎于书本上的那些基本理论，只是手段有些创新罢了，正所谓万变不离其宗吧。"温韵说。

"那我们如何选择呢？所有的疗法都要学吗？"小麦问。

"反正，我还是奉劝大家不要像我似的，学艺不精，还白搭了那么钱、时间和精力。"吕云英说。

“至少书本上的基本理论和方法，你得参透，并熟练掌握。至于其他的，就看你自己的特长和兴趣了，再掌握两三种就可以了。”温韵说。

“那温老师，你比较推崇哪种疗法？”小麦问。

“还是认知行为疗法，尤其是合理情绪疗法比较实用吧。当然，有时候，也得根据来访者的具体情况而定。”温韵说。

“我个人的看法是，适合的就是最好。适合有两层意思，一是适合心理咨询师的个人风格，二是适合来访者的接受能力。”秦一佩说，“我最崇尚的还是焦点解决短程治疗，时间短，效果明显。利用来访者自身的积极资源，促使其以正向的、朝向未来的、朝向目标的积极态度发生改变。它着重强调如何解决问题，而不需要花很长时间探究问题产生的原因。尤其不像精神分析或动力心理学那样，使用一些抽象的心理概念对来访者进行归类、标签与分析。”

“焦点解决短程治疗固然有它的种种优势，但是，对于那些严重的心理障碍患者却不太适合。”温韵说。

“那倒也是。不过，好在到我们这里来的人，心理问题都不太严重。”秦一佩说。

“另外，还可以转介。”温韵说，“如果觉得某个个案实在太棘手，难以获得咨询效果，也没有必要勉强自己。可以和来访者商量，转介给其他更擅长的老师。”

“嗯，来访者自己也有一个判断。如果他没有感觉到有所帮助，自然也不会继续。”吕玉英说。

“不同的疗法适用于不同的心理症结，但疗法和疗法之间不存在所谓截然分明的界限。它们其实可以相互借鉴，彼此融合，各有所长。所以，本着对来访者负责的态度，大家还是得日日精进技艺。”温韵说。

最后，秦一佩做总结发言。

“对！面对形形色色的来访者，我们既要努力解决问题，也要正视自己的不足。相信我们每个人都会继续学习，不断探索，互相借鉴，找到帮助来访者最有效的方法和手段，最后形成自己的咨询风格。让每一个来到我们心理诊所的来访者，都能打开精神枷锁，解脱心理的困扰，直面现实，增强对生活的应对能力，恢复心灵的宁静。”说着，她挥舞着右手，大声喊道，“各位同仁，前路漫漫，上下求索吧。加油哟！”

“加油！”众人情绪高涨，齐声附和。

第十四章

不敢直视的害羞女孩：社交恐惧 vs 退缩

叶青儿和一个跟她差不多大的女孩坐在诊所客厅的沙发上，她一边时不时地看一下墙上的钟，一边不停地低声安慰着女孩：“欣兰，别紧张，温老师挺和蔼的，她一定会帮到你的。”

欣兰抬头看了一眼叶青儿，勉力想做出一个微笑的表情，但只开了个头，笑容还没有在脸颊上弥漫开，便消失不见了，她的眼神里有一抹灰色的绝望。她低下头，不安地扯着自己的裤子。

“小麦姐，温老师快来了吧？”叶青儿问小麦。叶青儿来过诊所多次，和小麦混熟了。

“嗯，快了。放心吧，温老师很准时的，她一般会提前到。”小麦说。

“温老师就要到了。”叶青儿对欣兰说。尽管她知道欣兰听到了她和小麦的对话，但是，看到欣兰神情黯然，她又忍不住再重复一遍。

温韵比往常晚了一点儿，因为路上堵车，比预约的时间只提前了五分钟。

“温老师好。”叶青儿看到温韵走进来，很乖巧地起身问好。

“你好。”温韵回应她，同时注意到叶青儿身边的欣兰，便问道，“今天，你们俩是谁要咨询？”

“她。”叶青儿轻轻推了一下欣兰，欣兰抬起头，匆匆地瞟了一眼温韵，没有什么表情。

“她是我的好朋友，同班同学。”

“哦，你好。”温韵微笑着招呼欣兰。

欣兰蠕动了一下嘴唇，温韵勉强听到“你好”二字。

温韵又问：“她父母为什么没来？”

“她爸爸刚才签了《来访者知情同意书》，因为有急事，先走了。”小麦说。

“哦。”温韵拿起欣兰的登记表，对她说，“来吧，我们聊聊。”

欣兰蜷缩在咨询室的沙发里，慢条斯理地讲起了她的故事。

欣兰低着头，两手紧握在一起，放在课桌上，脑子像被冻住了，无法思考。她浑身燥热，不只是因为正值盛夏，还因为她能感受到语文老师那两道透过厚厚镜片，直射过来的目光，就像两盏瓦数极高的灯泡，烤得她十分难受。她感觉自己喘不上气，几乎快要窒息了。

“铃……”一阵清脆的铃声像一只点穴手，一下子解开了欣兰所有的穴道，气脉又畅通了，她重重地吐了一口气。

“欣兰，你怎么了？不舒服吗？”同桌叶青儿看到她异样的神情，问她。

“没什么？”欣兰努力地挤出一丝笑容，惨白的脸僵硬着，似一朵衰败的花。

“去卫生间吗？”叶青儿问。

“我不想去。”

叶青儿走后，欣兰坐在自己的座位上发呆。突然，一个硬硬的东西打在她的后脑勺上，痛感立刻传遍全身。疼痛、委屈、烦躁……诸般坏情绪像潮水般迎面袭来，她再也控制不住自己的情绪，趴在桌上，放声大哭。

“对不起，真的对不起。”闯了祸的男生不知所措地站在欣兰的身边，一个劲儿地道着歉，“别哭了！求你别哭了。”

欣兰也不想在这么多同学面前丢脸，可是，悲伤就像突如其来的大雨，气势汹汹，停不下来。

“怎么了？怎么了？欣兰！”叶青儿摇着欣兰的肩膀，问她。

欣兰没有回答，却突然站起身，一只手挡着脸，冲出了教室。叶青儿赶紧跟在她的身后。只见欣兰下了楼，径直往前跑，跑到操场边的看台上才停下脚步，然后一屁股坐在椅子上，埋头抽泣。

“欣兰，你到底怎么了？”叶青儿一路跟过来，挨着欣兰坐下，伸出手轻轻地一上一下地抚摩她的后背。

欣兰不回答，兀自肆意地哭泣。哭声压抑又绝望，让一旁的叶青儿心里也抑制不住地一阵阵难受。她和欣兰不只是同桌，也是很好的朋友。两人都来自单亲家庭，成长过程中有许多相似的苦痛，难免会因同病相怜，惺惺相惜。

“我，我只是心里特别难受。”欣兰抽噎着说，声音有点含混不清。

“到底发生了什么事？”叶青儿问她，“是你妈妈又找你爸爸吵架了吗？”

欣兰沉默地摇摇头。

“那一定是谁欺负你了，你和我说，我告诉老师去。”

这句话好像一下子戳中了欣兰的悲伤按钮，她的泪水又如雨点般落下。

“对不起，对不起，我说错话了。”叶青儿完全被欣兰弄懵了，不知道自己到底哪句话说错了。于是，她不敢再说话了，用手托着腮，茫然地看着远方。天边无云，天空是一片淡漠的混乱的灰，似乎隐藏着不为人知的秘密。

上课铃声再一次响起，叶青儿扭头看了看教室的方向，又转过头看看欣兰。欣兰这时已停止哭泣，但是头深埋在膝盖间，没有任何反应。这节课是自习课，叶青儿也就没有催促欣兰，两人就这样默默地坐着。

“青儿，我不想上学了，我想退学。”欣兰突然幽幽地冒出一句话。

“为什么？你为什么不想上学了？”叶青儿瞪着眼睛，急切地问欣兰。

“我受不了了，我觉得自己快崩溃了。”欣兰低声叫嚷着，眼泪又要冲出眼眶。

“你先别哭，到底发生了什么？”叶青儿急得两只手扯着欣兰的胳膊，“告诉我，求你了！”

“我，我害怕看到袁老师。”欣兰痛苦地摇着头。袁老师是她们的语文老师，同时也是她们的班主任。

“你为什么怕他？”

“我觉得他每次骂人，都是针对我。尤其是他的眼睛，冷冷地，每天上课时，老是看向我。”

“那你别看他不就好了？”

“我现在根本不敢看他。可是，我总感觉他的目光在我的头顶上晃来晃去。我特别紧张，浑身难受，什么都听不进去。只要他在教室里，我就没有办法集中注意力，什么也学不进去。”

“但是，你也不能退学呀！那你以后怎么办？”

“我不知道。”欣兰木然地回答。

“这件事你跟你爸爸说了吗？”

“说了。他说我只是想多了，让我不要胡思乱想。我也不想这样，可是我就是控制不住自己。”

“那……”叶青儿想了一下，“要不，你去做心理咨询吧。我觉得你可能心理出问题了，我认识一个很好的心理咨询师，我一直都在她那里做心理咨询。”

“有用吗？”

“我觉得有用。做了心理咨询后，我心里舒畅多了，遇事也不会再钻牛角尖，和我妈的关系也好多了。”

“哦，那我回去和我爸爸说说。”欣兰擦干眼泪，又问叶青儿，“到时候，你也陪我去，行吗？”

“行，没问题。”

“你从什么时候开始怕袁老师的？”温韵问欣兰。

“从这学期开始，慢慢地越来越怕他……”

“哦，这学期开始时，你和袁老师之间发生过什么不好的事吗？”

“有一次，我月考没有考好。他把我叫到办公室，狠狠地批评了我。”

“你是说，自从袁老师把你叫到办公室，批评了你一通以后，你就开始害怕他了。是吗？”

“嗯。”

“袁老师批评你，你当时的感受是什么？”

“觉得特别丢脸、委屈、沮丧。当时，还有其他老师在。”

“你从来没有被老师批评过吗？”

“没有。我的学习成绩一直很好，其他老师都挺喜欢我的。”

“所以，你受不了一点批评？”

“也不是。他说的话太难听了。”

“比如呢？”

“说我心思没放在学习上，别以为脸蛋长得漂亮，以后就什么都会有。像我这样一直退步，以后休想考上重点大学。还有其他更难听的话。”

“袁老师的话伤害了你的自尊心，让你很愤怒？”

“嗯，我只是一两次没考好，又没有不想好好学习，他凭什么这样说我？”

“我明白你的感受。他的言辞确实有点过激。”温韵先给欣兰一个支持，“作为一个优秀学生，被老师这样当面责骂确实很难接受。不过，你从此就这么怕他，是不是也有点反应过度？”

“开始我也不这样。可是后来，我发现，每次袁老师上课时，总是看向我，而且目光冷漠凌厉。时间长了，我就不敢再看他了。然后，才成现在这样。”

“哦，不知道你有没有听说过墨菲定律？”温韵问。

"没有。"

"墨菲定律是说你所期盼的好事情，很少发生，相反，你害怕遇到的坏事，却接踵而来。这种心理效应产生的原因有很多，但是，有一个最重要的原因是自我暗示。就好比你买了一件很漂亮的衣服，穿出门时，不停地在心里对自己说：千万不要和别人撞衫。结果,你就会看到有个女孩穿着和你一模一样的衣服。其实，如果你不进行自我暗示的话，可能你不太会注意她，也就不知道自己和别人撞衫了。"

"你是说，是因为我太在意袁老师的目光了，所以才觉得袁老师一直在注视我？"

"对，你很聪明。那你自己觉得有没有这方面的原因呢？"

"嗯……也许吧。"

"我想很多同学都被袁老师批评过，是吧？"

"嗯。"

"你有没有观察或问问他们，他们是不是也像你这样？"

"嗯……应该没有吧。"

"原因呢？"

"我不知道。可能人和人不一样吧。"

"你说对了。同样的一个外界刺激，在不同人心里产生的影响不同。我感觉你有点敏感、脆弱，还有些好面子，是不是？"

"我……有点。"

"其实，很多不好的事情没有我们想象中那么可怕，只是我们自己的承受力不够而已。"

"哦。"

"当然，既然事情已经这样了，我们必须面对它，现在让我们一起来想想如何解决这个困境。”温韵密切地观察着欣兰的神情变化，发现她已经放松下来，脸上表情也生动起来，便问她，“你原本打算怎么办？”

“我想退学。”欣兰轻声地说。

“嗯，这是一个办法。但是，后果不好，会影响你的前途，而且，你的爸爸可能也不会同意的。”

“我知道，可是，我实在不知道该怎么办。”

“那有没有可能转学或调换班级？”

“不太可能。实验班的语文都是袁老师在教，再说，我也不想进太差的班级。”

“既然这样，我们只能尝试着去调整自己的心态，适应它。毕竟，我们不可能去干预袁老师的教学状态，你说是吧？”

“嗯，可怎么适应？”

“首先，你得在心理上暗示自己，袁老师并没有特意关注你。就算他关注你，也不一定是坏事。说明他很重视你，希望你的成绩能保持在一定的高度上。其次，就算袁老师不喜欢你，但是，他一不可能禁止你听课，二不会无缘无故地惩戒你，所以，没什么好怕的，你做好学生的本分就可以了。老师也是人，难免有口不择言的时候，但并不代表他对你有多大的仇恨，故意要伤害你。”

“哦。可是，他的目光扫到我，我害怕怎么办？”

“迅速移开你的目光，做深呼吸。”说着，温韵给欣兰示范深呼吸，“来，练习一下。”

欣兰依言做了几下。

温韵接着说：“上课时，你只看黑板或书本，尽量不接触他的目光，把心思都放在学习上。这个能做到吗？”

“应该能吧。”

“你一直都是个好学生，只要你愿意，专注对你来说并不难。我相信以前你学习的时候，身边的人或事都不会干扰到你，是吧？”

“是，我以前做作业的时候，就算有同学在我身边吵，我也听不到。”

“可见，你是个意志力很强的女孩。只要你克服了对袁老师的畏惧，相信有他在或没他在，对你都是一样的。”

“哦，我知道了。”

“如果，我是说如果，袁老师当众羞辱你，你也可以告诉你的爸爸或其他人，帮你讨回公道，不要一个人难过。”

“好，谢谢温老师。”

“不客气。我们今天先到这里。”

温韵和欣兰一起走出咨询室，对叶青儿说：“你进来，我跟你说几句话。”

“OK！”叶青儿欢快地应了一声，跟着温韵走进咨询室，在沙发上坐好。

“你们那个袁老师说话很难听吗？”

“是呀，什么怪话都说得出，还是老师呢！”叶青儿鄙夷地撇撇嘴。

“你们学生不反抗吗？”

“有男生和他对骂，但女生怎么反抗？”

“比如向校领导反映。”

“谁敢呀？他一直都是优秀教师，课讲得不错，学生考分高，领导还指望他保持升学率呢。但是他说话真的太刻薄了。”

“你没有被骂过吗？”

“也被骂过一两次吧，但我不理他，左耳朵进右耳朵出。”

“哦，那不错。你应该教教欣兰，多鼓励她。”

“嗯,好。”叶青儿说,“主要吧,她一直是好学生,受不了这个。不像我，脸皮比较厚。嘿嘿。”

“对了，你那个网友见了吗？”

“见了。”

“你胆子还挺大。”

“我太好奇了。再说约在公共场所，没什么好怕的。”

“人怎么样？”

“一般。说好继续做普通朋友。马上要高三了，也没工夫交什么朋友。”

“嗯，把你身边的这个欣兰照顾好，给你记一功。”

“没问题，温老师，包在我身上。”

“如果有什么问题再联系我。”

“行。”

两个月过去了，欣兰没有再来访。而他的爸爸却在一个星期六的上午，没有预约，直接找上了门，指名要见温韵。那时，温韵正利用难得的周末休闲时光,和家人在江边晒太阳。要知道，晒太阳是这个阴郁的南方城市的人们最喜欢的冬日活动，没有之一。但一接到小麦的电话,温韵脑海里就浮现出欣兰那张怯懦、绝望的脸。她担心欣兰是不是出了什么事，便让小麦留住欣兰的爸爸，并以最快的速度回到了诊所……

不良的人际关系，是人们绝大多数心理问题和心理疾病产生的直接缘由。社交恐惧，则是难以适应人际交往过程中种种情形的一种表现。越不适应，就越逃避交往、恐惧交往，形成恶性循环，并出现一系列的神经性症状，包括与人交往时（尤其是大众场合下），会不由自主地感到紧张、害怕，以致手足无措、语无伦次、不敢与人对视，严重的甚至害怕见人。不良的人际关系，往往反应了一个人个性及心理品质上的缺陷。

第十五章 少女情愫：友情 vs 朋辈支持

欣兰的爸爸突然来访，让温韵有些诧异。

“温老师，你好。”欣兰的爸爸客气地向温韵问候。

“你好，怎么欣兰没来？”温韵问。

“我本来是想让欣兰和我一起来的，后来想想，还是我先来咨询咨询再说。”

“哦。”温韵静等着欣兰的爸爸讲述事情的缘由。

“这段时间，欣兰比以前好多了，情绪稳定了下来，睡眠也正常了。可是，我这才安心没多久，又出事了。前天，我到学校去给欣兰送她落在家里的复习资料时，她们班主任老师把我叫到了办公室，给我反映了一个情况。”他停了下来，好像有些难以启齿。停顿片刻，最终还是咬咬牙，说了出来，“老师说，最近一段时间，欣兰和她的同桌关系太过亲密，下课时经常抱在一起，一个坐在另一个人身上。有时，还相互贴贴脸。虽然两人都是女孩子，但是，平时却老公老婆地叫着，老师说，感觉有些不正常。”

“你说的是欣兰和叶青儿？”

“嗯。”

“那么，老师的结论是？”温韵平静地问。

“老师倒没有明说，但我从他的语气中，感觉他怀疑两人的性取向。当然，现在可能还没有，只是怕有这种倾向，以后……所以，希望我们做家长的干预一下。”

“你也有此怀疑吗？”温韵问他，语气中明显有一丝不满。

“当然，我也不太相信。”欣兰爸爸心虚地辩解着，“可是，老师说的那些又让我的心不得不提到了嗓子眼儿。”

“那你和欣兰谈过了？”

“我不知道怎么和她谈，所以，先来问问你。”

“哦，你对这件事是怎么看的？”

“我现在心里很乱。老师肯定不会瞎说，她们一定有一些过分的行为,这些行为又不能不让人往那个方面想。万一……所以，我……”欣兰的爸爸说不下去，愁容满面。温韵想，他现在的心情肯定像跌入了无底洞，空虚无助。

“据我所知，她们的感情确实比较好。因为她们有相同的人生经历，有点同病相怜，自然比别人亲密些。要说有那种倾向，我觉得不至于。”温韵说这话不全是为了安慰欣兰的爸爸，而是自己真切的感受。

“那你觉得她俩真的没有那种倾向？”欣兰的爸爸不放心，紧盯着温韵的眼睛，像等待一个死亡宣判，希望再次确认一下。

“应该没有。”温韵肯定地说，“这件事我是这样看的：不能单凭这些迹象就断定两人的性取向。女孩之间感情好,喜欢抱抱、亲亲很正常。就算叫老公老婆也只是孩子间的戏称，不能用成人的思维和价值观去判断、下结论。”

“哦。温老师，你这么说，我就放心了。”欣兰的爸爸心里的石头落了地，整个人轻松了许多。继而，又紧张地问，“那我要不要干预一下呢？”

“干预？你打算怎么干预？”

“让老师把她俩的座位调开，不准她再和欣兰来往。”

“你觉得那样有用吗？欣兰会听你的话吗？”

“我也觉得应该没什么用。所以，还没这么做。”

“你贸然这样做，会伤了孩子的心。如果两人只是姐妹情深，岂不是多此一举。再说，退一万步讲，两人就是有了那种感情倾向，当事人并没有意识到，结果你一搅和，反而促成了感情的发展，那不是更加得不偿失。”

“那我该怎么办？”

“当作什么都不知道吧。早恋的孩子一般是因为在家庭中得不到足够的关爱，所以，才向外寻求情感慰藉。只要你和她妈妈多关爱孩子，和孩子搞好亲子关系，让她在你这里得到爱，才不至于把情感都投向外界。而且，只有父母与孩子感情深，孩子才会顾忌父母的感受。不是万不得已，是不会做太出格的事的。另外，你也可以鼓励她多和其他的同学，尤其是男同学来往，多交一些朋友。”

“唉，养个孩子真是太不省心了！”欣兰爸爸紧皱眉头，重重地叹着气，“以前不准她和男同学走太近，怕她早恋。现在想想，还不如和哪个男同学走近点呢。”

“欣兰爸爸，孩子不会总是按我们大人的意愿去生活，她们总会有自己的选择。不管发生了什么，我们只能坦然接受。你明白我的意思吗？”

“我明白。”

“虽然我们不能替她们做决定，但是我们可以从旁指导或引导，让她们能少走一些弯路。也只是说少走，却不可能不走。走弯路，犯错误，也是成长的一部分。”

“哦。”

“下次，欣兰或叶青儿来的时候，我会尝试着问问她们。”看到欣兰爸爸憔悴的神态，温韵有些不忍心。或许是因为同为父母，感同身受。试想，如果是自己的女儿，内心的震惊程度可能也如晴天霹雳吧。

“那太好了！谢谢你，温老师。”欣兰爸爸像抓到了救命草似的，把所有的希望都寄托在温韵身上，让温韵瞬间后悔自己承诺得太多。

“不客气。”温韵无奈地回应。

欣兰没有再来，而看到叶青儿，亦是一个月以后了。

“最近怎么样？”温韵问她。

“还好，就那样。”叶青儿抚弄着额前的短发，无所谓地说。

“听你这话，过得不是很满意。”

“唉，作业还是那么多，老师的眼里也还是只有分数，搞得我都恨不得变成分数。不过，还好，我麻木了。就像您说的，按自己的节奏走，分数什么的，顺其自然就好了。”

“嗯，不错，很有进步。”

“嘿嘿。”叶青儿不好意思地抓抓头，“很多事情我都想通了，不会再去纠缠那些无关紧要的琐事了，把自己该做好的事做好。”

“很好。你妈呢？”

“她倒是变了许多。有时温柔得我都不习惯。”叶青儿的身子突然往前一耸，神秘兮兮地对温韵说，“不过，最近我发觉我妈看我的眼神不太对，怪怪的。”

“哦，这样。”温韵想，看来老师也找过叶青儿的妈妈了。所以，她决定直截了当地问她，“你妈妈可能听班主任说，你和欣兰形影不离，还有一些亲密的动作，所以有些担忧。”

“啊！我说呢，她最近老问我和欣兰的事，我还以为我妈是关心我的朋友，没想到是有别的意思。”欣兰很聪明，立刻明白了温韵话里的所指。“可是，我保证我们只是好朋友，真的。”欣兰举起右手，宣誓般。一对黑黑的眼眸，倔强又无邪。

“我相信你。”温韵向她郑重地点着头，表示自己从没有怀疑过，“不过，我还是要给你一个建议，为了不引起周围人的误解，你和欣兰在公共场合还是注意一下行为举止，可以吗？”

“这……”

“也可以避免给自己带来不必要的麻烦，不是吗？”

“哦，我知道了。”

“对了，欣兰还好吗？”

“嗯，还好，挺正常的。”

“你还是要多开导她。”

“我会的，您放心吧，温老师。”

“那就好。”

朋辈支持是青少年成长过程中重要的社会支持之一。社会支持是个人处理紧张事件问题的潜在资源，是通过社会关系、个体与他人或群体间所互换的社会资源。一个人所拥有的社会支持网络越强大，越能够更好地应对各种来自环境的挑战。对于青少年来说，父母才是其最天然也是最强大的社会支持。但是，由于种种原因，当父母起不到应有的支持作用时，老师或其他和青少年建立起亲密关系的人，亦可以给他们以足够的支持，尤其是同辈的朋友、同学。所以，少年的友情是促进其身心健康发展不可忽视的一股力量，但是，不可否认的是，有时少年对友情的极度渴望和不恰当的处理，常常引发一些心理困惑和问题。

第十六章

宅女硕士：社会融入 vs 自闭

诊所里，小麦和乔真真各自玩着手机，时而停下来，有一句没一句地聊着天。

“小麦，你的工作找得怎么样了？”乔真真问小麦。

“唉，一言难尽。”小麦大声地叹着气，“你看，这网上说，今年光海归就有六十万人。所以，像我这种二流大学的本科生，冲进招聘现场，基本就是一块被千人踩万人踏的垫脚石。在如此激烈的职位竞争大战中，我看，就炮灰这个职位适合我。”

“你也太悲观了。天生我才必有用！一个萝卜一个坑，一定有个坑等着你。”乔真真安慰她，“再说，海归也未必有优势。我的一个同学在国外读了研究生回来，你猜怎么着？”

“怎么了？”

“现在在家宅着，不工作、不恋爱、不交际。她妈急得快跳河了，昨天给我打电话，让我给她找个心理咨询师。”

“哦？这么严重？”

“嗯。这不，我在等温老师，看她接不接。”

“你说，我是不是该读个研究生呀？”

“你现在才想，大三的时候干吗去了？不觉得晚了点吗？”

“我也后悔呀！等蹉跎了岁月，才醒悟过来。”

“想读就读，不想读也不要勉强。总之，不要拿读书作为逃避社会的借口，你应该勇敢地在社会这个大课堂里，接受现实的残酷洗礼，茁壮成长。”

“乔真真，你什么时候变得这么凛然正气，简直和我们中学的教导主任一模一样。”

“很好，老有学生说我不像老师，所以，我得培养点老师该有的气场。”

“喊几句口号，就像老师了？”小麦不以为然地说，“你是对老师这个职业有多大的误解呀？”

“先形似再神似嘛。好了,不跟你说了。”乔真真有点着急,“温老师今天下午到底来不来？”

“她有预约，肯定会来。”小麦说着，伸头看了看窗外，转头对乔真真说，“看，来了。”

温韵走进诊所，听完乔真真的讲述。她沉吟了片刻，说:“既然已经诊断为躁郁症，让秦老师接吧，她有医学背景。”

“哦，那我问问秦老师。”

“这个孩子，我真是拿她一点儿办法也没有了。”女人满脸焦灼，一落座，便宣告了自己为人母的失败。秦一佩端详着眼前这个女人：长衣长裤，戴着一顶灰色的棉布短檐帽子。即便已经坐在咨询室里，也没有要摘下来的意思。

“别着急，先详细地跟我说说你女儿的状况。”

“好吧。”

女人姓范，三十多岁才结婚，近四十岁才有了女儿希钰。老来得子的夫妻俩自然对女儿百般疼爱，事事周全。为了给女儿幸福的生活，夫妻俩早早地就分好了工。妻子负责在家教养希钰，丈夫则长年在外打拼，为一家人的生计和女儿的未来积累资金。希钰在父母的精心呵护下，一天天长大。

十八岁那年，按照父母的规划，希钰顺利地进入美国南部一所二流大学读书，主修财会专业。这一去就是七年，没有人知道希钰在国外过得如何。因为希钰出国后只跟自己的父母联系，但即便是和自己的父母，也交流不多。每次放假回家，也大多窝在家里，不和其他人来往。她的父母以为自己的女儿只是性格内向，不善言谈，也没太当回事。就在希钰研究生毕业的那年，家里突遭变故，父亲的公司破产了，再也没有能力供希钰在国外继续求学。于是，她不得不回到国内，靠父亲老朋友的关系找到了一份会计的工作，开始了自己的职场生涯。谁知，仅仅工作不到一年，她便自作主张地辞了职，理由是加班太多，工作太辛苦。休息了一个月，她母亲四处托关系，终于在某公司给她安排了一个文员的职位。而这次，她只忍耐了短短三个月，在和上级主管大吵一架后，便辞职不干了。而且，她还对父母说，自己再也不想去上班了。这让她的父亲大为光火，忍无可忍，平生第一次大声地责骂了希钰。结果，希钰冲回自己的房间，号啕大哭一通后，再也不肯轻易地开门出来，除非父母不在家。

“秦老师，你说我女儿这种情况该怎么办？”希钰妈妈说着说着，眼泪就不由自主地落下来。她从上衣口袋里摸出纸巾，默默擦拭着。

“范大姐，我也是做母亲的，能理解你的心情。”秦一佩看到她的纸巾已经湿透，揉成了一团，便又扯了几张递给她，“辛辛苦苦为女儿付出大半生,不指望孩子成龙成凤那是假话。现在，孩子成这个样子，确实很伤父母的心。”

“唉，我现在也不敢奢望她成凤，只希望她和其他孩子一样，正常地上班，恋爱，组建个小家庭，我和她爸爸就满足了。”也许是在秦一佩这里得到了认同，希钰妈妈的情绪慢慢地平复下来。

“但是，有的时候，父母的想法和孩子的想法并不一致。希钰回国后，你和她爸爸有没有问过她对未来有什么规划？”

“问了，她想和朋友合开个花店。但是，他父亲觉得自己创业不稳定，再说，他也不想让自己的宝贝女儿吃苦。所以，就没有答应她。”

“哦，也就是说你们给她安排的工作她都不喜欢？”

“开始，她也没说什么。可是，过不了多久，她就牢骚满腹，不停抱怨，要么就是管理不人性，加班太多。要么就是主管讨厌，公司同事关系太复杂，难处。总之，没有一样顺她的意。”

“她回来抱怨时，你们没有开导她吗？”

“开导了。我和她爸爸苦口婆心地劝她要学会忍耐，时间长了，就习惯了。但是，她听不进去。气得她爸爸出去打工，不回家，把她留给我一个人。”希钰妈妈又悲上心头，抬手擦眼泪。

秦一佩伸出手，抚摸她的左肩，想给她一点儿安慰。

“我真的好痛苦！我这么大把年纪了，全身都是病，又是更年期。你看我现在全身上下都捂得严严实实的，就是因为特别怕冷。如果再一不小心受凉的话，便会头痛、胸闷、四肢酸痛……”

“范大姐，希钰这么大了，你们其实一开始就应该尊重一下她的想法，让她按自己的意愿去闯闯。即便失败了，她也能吸取一些经验，增长一些见识，自然也不会找理由抱怨别人。你们没有给她这个自由选择的机会，而是按你们的意愿安排她的人生，她一开始就会很抵触，再加上自己个性的原因，当然很容易放弃。”

“唉，我们一开始也没有想这么多，只想让她过上一个安稳的生活。”

“天下的父母都是这样的，可以理解。但是，孩子是独立的个体，有自己的想法和想要的人生，我们做父母的只能尊重和支持。否则，孩子就会像希钰这样，因对自己的人生无法做主而痛苦、倦怠。一次次的挫败感则击垮了她所有的自信，最后干脆选择逃避，甚至自闭。”

“你说得对极了，秦老师，她现在就是一点儿自信都没有了。连门都不敢出，怕遇到熟人。怕别人问东问西的，她受不了。”

“那她就一直窝在自己的房间里吗？吃饭怎么办？”

“现在基本上是，我们不在的时候，她出来吃点。有时候，我给她放在门口。”

“你们之间没有交流吗？”

“很少。而且我们根本不敢说她，一说她，她便暴跳如雷，要死要活的。上次，她还冲进厨房拿刀想割腕，幸亏她爸爸动作快，上去把刀给夺了下来。”

“在吃药吗？”

“医生给开了一些药。”希钰妈妈从包里掏出一个空药盒，递给秦一佩看，“不知道她有没有按时吃。”

“要让她尽量遵医嘱，按时吃药，定期复查，医生好根据她的病情，对症下药。”

“真是愁死了。她什么都不愿意跟我们说，也不知道她现在心里是怎么想的？”

“你们也不知道她在屋里一天是怎么过的？”

“她开门的时候，我发现她电脑一直是开着的。晚上也很晚才睡，估计一直在玩电脑。”

“嗯，现在首要的问题是如何与你女儿进行沟通。通过沟通，才能了解她内心真实的想法，对症进行疏导和干预。”

“我是没有办法。秦老师，你能不能上我家去，和她聊聊。”

“恐怕行不通。她心里已经对你十分抵触，自然对你找的心理咨询师也不信任，因此是不可能认真听我说话的，所以这样做不会有什么效果。而况，心理咨询一般不提供上门服务，那会削弱心理咨询师的权威感，让咨询效果大打折扣。你最好劝说她来这里咨询。”

“其实，我说过让她看心理咨询。可她不愿意，说自己没病。”

“她如果实在不愿意，那我可以教你一些方法，你慢慢地和她沟通。”

“好。”

“首先，不要再责怪她，或催促她去工作。”

“现在基本不会这样了。”

“其次，就是想办法与她对话。现在这种情况，可以写写小纸条，或在 QQ、微信上留言。”

“好，写什么呢？”

“可以先检讨一下你们做错的地方，比如不尊重她，安排她的人生。总之，能培养感情的内容都可以写。比如回忆小时候一起度过的快乐时光、鼓励的话，等等。”

“行，我记下来。”希钰妈妈从包里拿出纸笔，认认真真地写了起来。

“另外，你也可以在网上学学和孩子沟通的技巧和方法。”

“我知道了。秦老师，谢谢你。”

“如果她爸爸回来了，可别再刺激她了。”秦一佩不放心地又叮嘱一句。

“嗯，不会了。”

“秦老师，我回去照你教我的办法和希钰沟通，现在，她有了一些改变。”两个月后，希钰妈妈一见秦一佩，便有点兴奋地对她说。

“哦。”秦一佩午睡后才起，她感觉大脑有点缺氧，对希钰妈妈话的反应慢了半拍，“那……你说她改变了一些，有什么具体表现吗？”

“她现在有时候会出来和我一起吃饭了，虽然没什么话，吃得也不多，但总算能面对面了。”希钰妈妈高兴地说。其实，她自己的精神状态也比第一次来时好了很多，脸上居然有了少许红晕。

“你们聊天吗？”

“我想和她聊，怕她不耐烦，也就不敢多说什么。”

“嗯，不要太着急交流。等她自己愿意说了，你再和她聊。”

“好。对了，昨天，她还主动帮我做晚饭呢。”

“她帮你做晚饭？”秦一佩心里一动，追问道，“她喜欢烹饪吗？”

“喜欢。以前放假回来，她就喜欢烤些小饼干、小面包之类的。”

“那很好。一定要鼓励她做自己最喜欢的事情，你也参与其中。这样一来，你们母女俩就有了共同语言。时间久了，彼此之间才能更加了解。由此，你才能知道如何帮助孩子更快地走出心理困境。”

“你是说，我要鼓励她学习烹饪？”

“对，如果她有这个意愿。”

“哦。她还要我给她买摄像头、麦克风什么的，说是想做直播。你说，我要不要给她买？”

“如果你们经济允许的话，也可以。反正，总得让她有些事情做。否则，无所事事，找不到存在感，情绪会更低落。”

“我只是怕她做直播后，更不愿意出门。”

“出门不是目的，目的是让她找到自我，调整好心态，重新振作起来。有自我的人，才能建立起正常的人际交往。而这个目的必须在她找到自信，有了存在感后，才可能实现。”

“哦，也就是说，不管什么方式，只要能让她快乐、自信就可以，对吧？”

“对。不过，也不能伤风败俗、违法乱纪哦。”秦一佩半真半假地开着玩笑。

希钰妈妈却当真了，郑重其事地回答：“不会的。秦老师。”

社会融入，对于初入社会的年轻人来说，是人生发展中的一大课题，充满挑战。它需要人们在生活中，学会自我成长，不断充实自己；学会与人和谐交往，充分展现自己的人格魅力。但不是每个人都能顺利地完成这个挑战，尤其是意志薄弱、交往能力差的人。有的人一旦受挫，便一蹶不振，蜷缩在家，自我封闭。然而，人本主义心理学家认为，每个人都有自我实现、积极向上的本能。即便是自闭在家的人，也有想变好的愿望。只要鼓励他们，找到自己真正感兴趣的事，坚持做下去，总有一天，他们会获得自信，找到自我，走出自闭的壳，回归社会。

第十七章

受伤的女童：心理援助 vs 性教育

“在？”温韵在诊所的微信群里，发了一句话，“我要宣布一件事。”

“在。”小麦、乔真真第一时间回复。

“某县妇联和救助站希望我们去给他们县里的几所农村小学做心理讲座。有时间、有意愿参加的请举手。”

“我不行，要上班。”秦一佩冒了出来，附带一个表情包，生无可恋。

“我也是。”吕云英是一张笑脸。

“最近工作有点忙，要整理资料，迎接学校的评估检查。”赵志宏平静地回道。

“看来，只有我是闲人咯？”温韵的表情包是用手托腮沉思中。

“还有我，温老师，我可以的。”乔真真发了这句话后，一个欢欣雀跃的小女孩舞着两朵大红花跳了出来。

“我好想去，可是要写毕业论文。”小麦发了一个痛哭流涕的表情。

“那好，就这样。乔真真，明天诊所见。其他人，洗洗睡了，拜拜！”温韵发了个挥手的表情，退出了微信。

“温老师，我们给他们讲什么内容？”乔真真问温韵。

“我做了个 PPT。”温韵把 U 盘插在诊所的电脑上，打开，找到文件《留守儿童的心理健康与安全》，展示给乔真真看，“你先看看，有什么问题，我们再讨论。”

“好的。”乔真真坐下，播放 PPT。

“温老师，我觉得挺好的，内容挺全面的。”乔真真看完后，对温韵说，“尤其是安全教育中的性安全，这个真的很重要。现在好多新闻报道说，大多数儿童被猥亵或性侵时根本就不知道发生了什么，而他们的父母在很长一段时间里也毫无察觉。更可恶的是，好多都是熟人或亲戚作案。所以，提高儿童这方面的意识是关键，尤其是留守儿童。”

“嗯，确实如此。”温韵皱着眉头说，“某县就是发生了一起儿童长期被性侵的案子，所以才引起重视，邀请我们去做关于心理健康和安全的巡回讲座。”

“啊？居然……”乔真真张着嘴，不知道如何表达自己此刻的震惊。如果新闻中的故事发生地比较遥远，距离可以削弱恐惧，让人尚可平静地接受。但当故事就在自己身边发生时，不由得让人不寒而栗，胆战心惊。

“这只是发现的，还有没被发现的，不知道还有多少呢？”

“怎么发现的？”

“女孩怀孕了，十四岁。但是，实际上，她从九岁就开始被性侵了。”

“什么？这么小？”乔真真又一次被震惊到了，“是谁这么无耻？”

“据说是她同村的远房表叔，还有堂哥。”

“……”乔真真半天没有说话，沉默了一会儿，才咕哝一句，“简直禽兽不如！”

“所以，这次讲座中，我特意加重了性安全这部分内容，就是要让小学生们都知道，如何识别性骚扰，并学会保护自己，远离禽兽。”

“嗯，是该让每个小朋友都知道这些安全常识。”乔真真说，“不过，我有个疑问，这些关于性的常识应该在孩子多大的时候讲呢？”

“有性别意识之后吧，三四岁。”

“这么早吗？”

“是，当然，不同的年龄阶段要传授的内容不同。一般所讲内容要随着年龄逐步深入。像不要让别人摸你穿游泳衣的地方，这种常识是可以早点告诉孩子的。”

“哦。”

“你把内容好好熟悉一下，我们谁有时间，谁去讲。”

“好。对了，那个女孩我们要对她进行心理干预吗？”

“要的。这个我负责。”

“哦，我还有个建议，既然是对小学生讲，我们是不是把文字减少一些，PPT 做得稍微卡通点？”

“嗯，可以。你来修改吧，最后我再来定稿。”

“好嘞，交给我吧。”

女孩略胖，她微微地弓着身子，低着头，怯怯地走进学校的会议室。白皙的脸上，五官端正，是个漂亮的女孩，却看不到少女应有的纯真与阳光。与年龄不相称的还有她的穿着，略透的绿色短衬衣，可以看见里层的白色吊带，下身则是一条刚到膝盖的白色短裙，有一种不属于她这个年龄的成熟。虽说十四岁正是青春发育期，但女孩饱满的胸部，还是让温韵对其生理上的过度成熟有些讶异。

“小群，这是心理咨询师温老师，你有什么话，有什么烦恼，都可以和温老师说说，她可以帮助你。”带小群来的男老师是小群的班主任。

“嗯。”小群用鼻子哼了一声，代替“我知道了”这句话。她抬起头，匆匆地瞥了温韵一眼，目光很是淡漠。就像看温韵身后窗户外的那棵高大的榕树，有种因为司空见惯所以便忽视它存在的淡漠。

“温老师，你们聊。”班主任说完，离开了会议室。

“小群，你好。请坐吧。”温韵脸上堆着笑容，希望在谈话一开始，就能让她感受到自己的真诚，尽快放下戒备心。

小群并没有回应温韵，只是意味不明地斜睨了温韵一眼，温韵心里蓦然有点发紧。心理咨询师一贯奉行自愿原则，如果来访者并非自愿，是不会和心理咨询师好好配合的，更不用说自我反省、领悟。但是，有时候，心理咨询师也会遇到被委托给人做咨询的特例，现在就是这种情况。虽然知道小群是被老师要求来的，并非自愿，但温韵也只能硬着头皮开始咨询。

“你知道心理咨询师是做什么的吗？”

小群摇了摇头，木然地斜了一眼温韵，好像在说，我不关心。

“就是……”温韵在大脑里飞快地检索着合适的词语，能让小群短时间弄明白自己的身份，并愿意接受自己的帮助，“就是当你情绪不好，心里烦躁的时候，我能够和你一起找到原因，并给你一些建议，让你高兴起来。”

“哦。”小群漫不经心地应道。温韵看出她并不相信，可是，好像也没有特别的反感。这就意味着,她还是愿意和温韵聊聊的。

“你现在和谁一起生活？”温韵问。

其实，温韵早就听小群的班主任介绍了小群的一些基本情况以及发生在她身上的性侵事件。所以，她知道，小群两岁时父母离异，母亲离婚后从不曾回来看过她，基本上是下落不明。父亲则长年在外打工，很少回家。祖父母带着她一起生活，困苦拮据。之所以多此一问，只不过想通过拉家常的形式，慢慢和小群熟络起来。毕竟，双方都需要点时间，走近对方。

“爷爷、奶奶。”小群简短地回答。

“爸爸呢？”

“过年才回来。”

接着，温韵又问了爷爷奶奶的健康状况、家里的农作物以及和家人的关系。虽然从小群的嘴里，温韵只捕捉到了一些只言片语，但就是这些只言片语也足够让温韵心生悲悯。这是怎样的一种生存环境？贫穷、落后、愚昧、缺乏亲情，让一个纯洁无辜的女孩不幸沦为一件骇人听闻的性侵事件的当事人。温韵不想去了解整个事件发生的细枝末节，因为不忍心再次撕开小群的伤疤，让她又一次面对自己伤痛的过去。

于是，她小心翼翼，含混地提及：“发生那件事后，你有什么不舒服的地方吗？”

“就是有些烦。”小群说。她似乎想到了什么不好的场景，厌恶地甩了下头。

“是什么让你这么烦呢？”温韵盯着她，充分地表达了自己的关切。

“就是村里还有街上的那些人，老是说闲话。”

“你是说，她们一直还在说你的事情吗？”

“是呀。我爷爷奶奶叫她们不要说了，她们也不听。”

“听到她们的闲话，你是怎么想的呢？”

“烦，讨厌。恨不得她们从我眼前消失。”

“是呀。事情已经过去这么久了，她们实在是不应该再提了。任何人听到那些难听的话，都会很生气的。”温韵发自内心地同情她，“不过，总是为这些生气也不值得，你说是吧？”

“可是，她们总说。”

“你们这里地方小，发生任何不好的事，都可能被人说闲话。一般情况，也就说一阵了。时间久了，就没有人再说了。如果有人一再地说，你可以让你爸爸去警告那些人。”

“哦。”

“或者，你就装作没听见，暂时尽量不要往人多的地方去。或者戴上耳机，听听音乐。”

“没有手机。”

“mp3 呢？”

“没有。”

“这个不贵，可以买一个。”

“爷爷奶奶没钱。”

“哦。对了，班上同学会说你的闲话吗？”

“他们不知道。”

“哦，这你可要有心理准备。他们有可能会从大人那里听到，你不要理会他们就是了。实在不行，就去告诉班主任。”

“哦。”

“你做了手术后，身体还好吗？”

“才做了复查，还好。”

“晚上睡眠还好吗？会做噩梦吗？”

“还好。偶尔会做噩梦。”

“哦。除了烦恼别人说你闲话，还有什么事让你不开心？”

“嗯，我爷爷奶奶也老说我。”

“说你什么？”

“就为那件事老责骂我，好烦！”

“那你爸爸的态度呢？”温韵问。

“他不骂我，但也不管我。”

“哦，这样。那我可以和你爸爸沟通一下，让他跟你爷爷奶奶说说，不要再骂你了。”对于这样一个不作为的父亲，温韵决定无论如何要和他谈一次。

“对了，你平时有什么兴趣爱好，或者消遣的活动？”

“没什么爱好，就是看看电视。”

“不唱歌、跳舞、画画或者看书之类的？”

“不，也没有书看。”

“没有书看？那你心情不高兴的时候，一般怎么办呢？”

“忍着呗。”

“我看你们这里山不高。其实，你可以爬爬山，看看野花，或者站在一个高处大声吼两嗓子。”

“嗯，我挺喜欢爬山的。山上有许多的野果子。”

“那挺好。约几个小伙伴一起去，不要一个人，也不要走太远。”

“嗯。”

“你还有什么困惑吗？”

“没有。”

“好吧，再有什么烦心的事，可以打我的电话，和我说说，好吗？”温韵把自己的电话写在一张字条上，递给她。小群接过来，看了看，装在自己的衣兜里。

“你好，小群。”温韵再一次来到小群的学校，在学校的会议室见到了她。

“你好，老师。”小群笑着和温韵打招呼。因为见了几次面，小群显然对温韵有了亲切感。

“最近学习还顺利吗？”

“就那样，不好不坏。”

“以后准备读哪里的高中？”

“我的成绩，可能读不了高中。管它呢，到时候出去打工呗。”

“你还小，出去打工，恐怕不太好。”温韵说，“不过，你考不上高中，可以上职高的。”

“职高？要考吗？贵吗？我爷爷奶奶说供不起我上高中。”

“不要学费。只要你想去读就可以去读。而且有很多的专业，比如幼师、财会、汽修、烹饪、旅游、计算机、美容美发，等等。对了，你对哪个专业感兴趣？”

“嗯，美容美发吧。我比较爱臭美。”小群抬手拨弄着自己的头发，不好意思地笑了。这是温韵第一次看到一丝纯真的笑颜在她的脸上荡漾，让她瞬间回归少女的本真。

“挺好。你好好努力，一定能学好的。”温韵说，“对了，你现在和老师、同学处得怎么样？”

“还可以。同学们都管我借《幽默高手》这本书看。”《幽默高手》是温韵上次带给小群的众多书籍中的一本。

“看来，通过借阅书籍，你交到了一些好朋友。”温韵说。

“嗯。大部分同学还是挺好的。”

“你爷爷奶奶怎么样，还经常骂你吗？”

“还好。不怎么骂了。”

“那不错。你看，只要你好好学习、好好生活，周围的人都会善待你的。”

“嗯。”

第十八章

看不懂的小孩：学习障碍 vs 智力

“赵老师，你来了。”小麦朗声叫道，有些刻意。刻意，不过是想让别人知道自己的不在意，自己的云淡风轻。至少在温韵看来，小麦是想要达到这样的效果。但实际上，听者全都感受到声音里的些许尴尬和不自在。所以，她和秦一佩不由地对视了一下，各自低头窃笑，继续两人的下午茶。

“温老师、秦老师，你们都在呀！”赵志宏笑得很局促，自顾自地解释，“有个熟人约了今天过来，想我帮他看看自己的小孩。”

“哦。”温韵点了点头，“要喝茶吗？”

“好呀。”赵志宏伸手接过温韵递过来的茶杯，晃着头吹去茶汤上的浮沫，细细地品着。

赵志宏的茶还在喉咙里打转，他的来访者——一对年轻的父母带着一个大约八岁的小男孩，便敲门而入。他赶紧放下茶杯，起身迎接。随后，四个人走进了咨询室。

“温韵，那个被性侵的女孩怎么样了？”秦一佩放下茶杯，突然发问。

“还好吧，没有太激烈的情绪波动，生理上暂时也没有什么症状。”温韵想了想，又说，“至少据我观察，还算稳定。”

“怎么会呢？发生这样的事，不是应该有创伤后应激障碍吗？”秦一佩摆出一副打死也不相信的样子。

“我也奇怪，可事实即如此。”温韵说，“前天我又去学校看了她一次，感觉她的情绪挺稳定的了，老师也说表现正常。后来我想通了，也许九岁第一次发生性侵时，她太小，不懂，还得到了一些好吃的东西和玩具，所以，被侵害的痛苦被稀释了。后来，每一次都可以得到自己想要的东西，多少有些麻木了吧。”

“唉，是该替她庆幸，还是替她悲哀呢？”秦一佩感慨着。

“说不好。不知道，等她真正长大了，懂事了，会不会发生二次伤害？”温韵说，“更可悲的是，我给她爸爸打电话，希望他多关爱一下自己的女儿，多陪陪她。结果，他不但用各种借口搪塞我，还说，发生了这样的事，他觉得自己的脸被丢尽了，根本不想再认这个女儿了。”

“可恶！这一切的发生难道他不应该负主要责任吗？”

“我也是这么质问他的。可他觉得自己很无辜，听那口气，好像他才是这个事件中最大的受害者。”

“唉，无语。”

“我对他爸爸说，事情已经发生了，谁的责任暂且不论，重要的是做好孩子的安抚工作，让孩子尽快恢复平静。现在，孩子想要听听音乐，希望他能给孩子买个 mp3，你猜他怎么说？”

“怎么说？”

“没钱！”温韵说，“但是村委会的人说，他是个装修公司的小包工头，买个mp3应该不成问题。更何况，女儿现在是这种状况。”

“重男轻女？”

“没男，只有一女。从小就丢给父母养，自己很少在家。”

“真是极端地不负责任！”秦一佩气得甩杯子，唾沫星子乱飞，“为什么国家不制定法律，或建立一个评估机制，对于那些评估不合格的人，不准生养！”

“淡定淡定。”温韵轻抚秦一佩的胳膊，“这样的法律肯定不会制定的，因为有侵犯人权之嫌。对父母是否具备教养子女的资格进行适时评估，这个是可以的。”

“对了，那些侵犯女孩的人，现在怎么样了？”

“判了刑，关起来了。”

“罪有应得。”

大约五十分钟后，赵志宏和那对父母以及孩子走了出来。

“小孩看起来挺正常的，问题严重吗？”等他们走后，温韵问赵志宏。

“说严重也严重，说不严重也不严重。”赵志宏端起茶杯，一饮而尽。

“拜托！这可是普洱呀！你这种喝法，简直是暴殄天物！”秦一佩半开玩笑半认真地埋怨。

“不好意思，我重新喝过。”赵志宏大大咧咧，顺手又端起一杯茶，小口啜饮。然后，觍着脸问秦一佩，“这样，对了吧？”

“嗯。”秦一佩鼻子轻哼了一声，算是放过他。

“那这个孩子到底是什么情况？”温韵追着赵志宏问。

“情况是这样的，这个孩子上小学二年级，成绩一直不好，尤其是数学和语文。在班上，和同学也处不好关系。老师怀疑这个孩子的智商和心理都有问题。”赵志宏慢条斯理地说。

“结果呢？”秦一佩受不了赵志宏挤牙膏一样的说话方式，直奔结论。

“不着急。先听听我的观察，你们也给诊断一下，看我的结论是否正确。”赵志宏不受秦一佩的干扰，坚持按照自己的思路，详尽地描述事情的全部经过。秦一佩恨得牙根痒痒，却也无可奈何。

“谈话过程中，我发现这个孩子应答流畅、情绪也很稳定，只是和老师、同学的关系有些紧张。我分析应该是成绩不好，在班上有点不受待见。在家里和父母的关系还算正常，没有特别异常的表现。唯一让父母头痛的就是不能按时完成作业，且错误百出。比如，汉字少了个腿或多了个胳膊，数字写倒了，诸如此类的小错误。”

“智商呢？”秦一佩问。

“虽然没给他做过智商测试，但他父母说了一个细节，就是这个小孩在家玩玩具的时候，和其他小朋友没有什么区别。而在和小孩交流时，他自己说最喜欢乐高积木，并且可以拼出自己脑子中想到的任何东西，尤其喜欢拼动物。最得意的是，有一次没有看图，就拼出一只展翅高飞的老鹰。这点得到了他的父母证明，说很像，惟妙惟肖。”

“那说明孩子的空间想象力、识图能力、动手能力都没什么问题呀。”温韵说。

“而且，我感觉他的智力在某些方面甚至有点超常。”赵志宏深吸一口气，严肃说，“最后，我的结论就是，这个孩子疑似学习困难，或者称为学习障碍。”

“如果智商没什么问题，却有读、写、算等方面的问题，那应该是学习障碍了。”温韵说。

“所以，我建议他父母带他到儿童医院去确诊一下。”赵志宏说。

“虽然智商没有问题，不过，教育这样的孩子也不是件容易的事呀！”温韵感叹道，“需要专业人员长期有针对性的教育干预，然而，中国可以做这种干预的机构寥寥无几。”

“幸运的是，他才上二年级。”赵志宏说，“早发现早干预，效果才最好。”

“可不，如果因为成绩不好，就把这个孩子当笨蛋对待，那么，有可能一个天才就被扼杀在摇篮中了。”秦一佩说。

“然而，这样的悲剧时常在上演。”赵志宏说。

“所以，我们有责任广而告之，让大众知晓。”温韵说，她突然又想到什么，扭头对小麦说，“做一篇关于学习障碍的文章，在微信平台上推送。”

“好。马上做。”小麦说。

第十九章
面具人生：自卑 vs 过度补偿

“吕老师，回去以后，我想了很多。这次过来，主要是为我自己。”李祥雨爸爸的独自到来，多少有些出乎吕云英的意外。不过，她还是有点兴奋，这是一个积极的反馈，至少证明自己上次对一家人的咨询是有效果的。

“哦。”吕云英保持一贯的平静姿态，等着他的下文。

“你可能不太相信，我虽然表面上一副很强势的样子，其实，我的内心一直惴惴不安，可以说是惶恐。”说着，他抬眼斜瞄了吕云英一眼，似乎要确认一下吕云英的反应。看到吕云英表示理解地点了点头，他有了说下去的勇气。

“上次来咨询后，我才发现我的婚姻模式其实有些类似于我父母的婚姻。”他沉思了片刻，接着说，“我的父母都来自农村。但我的爸爸是个大学生，妈妈只是个高中生。不知道从什么时候开始，他们之间的相处模式就是，不管什么事，都是我爸爸一个人说了算。我妈妈的意见根本就是可有可无的，即便是说了也会被我爸爸怼回去，几乎没有被采纳过。我和弟弟妹妹们也没有多少自主权，凡事都得听我爸爸的。如果不听的话，轻者，会招致一番训斥和羞辱；重者，则是一顿暴打。有一次，我带着弟弟悄悄下河游泳，被我父亲发现了，他操起一根木棍就打我，我用右手一挡，结果小臂被打折了，住进了医院，而他至今连一声对不起也没对我说。”

他突然停下来，从桌上抽了一张纸巾，假意擦鼻子，顺势抹了一把眼睛。吕云英赶紧低头，在文件夹里的纸上随便写点什么，以便他不那么尴尬。然后，听到他轻轻地吐了一口气。

“从那一刻起，我就发誓一定要让自己强大，不再让任何人欺负我。可是，我自己知道，我一点儿也不强大。我常常感到恐惧，好像总有什么不好的事情要发生。所以，我拼命地工作，赚钱，只有赚更多的钱，我才有安全感。”

“那你现在有安全感了吗？”吕云英问。

“有时有，有时没有。”

“什么时候有，什么时候没有？”

“工作方面，我觉得是我最能掌控的部分。可是，人际关系方面就……周围的人都说我太强势了。”

“既然意识到了，为什么不改变一下呢？”

“我有时想改变，但又担心，如果不强势，别人会不会欺负我？”

“所以，你就先下手为强，虚张声势，借以掩饰自己的恐惧？”

“可能是吧。”他换了个姿势，轻声回应。

“小时候，你爸爸打你时，你妈妈不护着你吗？”

“她不敢，连劝都不敢，只能干看着。”

“你恨你父亲吗？”

“又恨又怕。长大后，有时还会梦见他打我。”

“既然你童年有这样的伤痛记忆，你就不应该再像你父亲那样对待你儿子。”

“我知道。打了他，我也后悔。可是，我控制不住。其实……”李祥雨的爸爸用力地搓着两只打手，吞吞吐吐地说，“我其实还有一个很大的心理问题。”

“哦？是什么？”

“不知道为什么，我很怕我们单位的一个人。”

“什么人？顶头上司？”

“不是，和我平级，是我的同事。”

“为什么怕他？”

“感觉他比我能力强。”

“哪方面？”

“主要是人际交往方面，他比我受欢迎。”

“所以，你感到自己受到了威胁？”

“嗯。只要有他在，我就特别焦虑。比方说一群人坐在一起，如果有他在，他成了中心，我就很难受。”

“哦？你能说说你那时的具体感受吗？”

“我心神不宁，老想着，他会不会看不起我，会不会骂我，会不会打我之类的事。”

“这样想，带给你最大的困扰是什么？”

“我没有办法专心工作，所有的思绪都是关于他的一些不好的想法。”

“如果没有看到他，你还会这么想吗？”

“不看到他，也想，但想得少。”

“可以试着不去看他。”

“我已经尽量不和他直接接触，但是，在一起工作，又免不了。”

“你不害怕你们领导吗？你们领导不是比你更强大？”

“不怕。又不在跟前，也不经常打交道。”

“那你有没有考虑换个工作？”

“换过，这已经是换过的第二份工作了。”

“都是因为同样的原因？”

“是的。”

“这种情形有多久了？”

“大约两年了吧。”

“为什么一直没有看医生呢？”

“我感觉有时自己还可以控制，但有时就烦得不行。我也不知道自己是怎么了，每到一个新的环境，开始还好，但是，过了一段时间，一发现有人比我强，我就会胡思乱想。我也知道自己这样很荒唐，可就是改变不了。”李祥雨的爸爸直视着吕云英，目光焦灼又带着渴求。

吕云英本能地避开他的目光，因为她的心突地沉重起来。她不知道该不该告诉李祥雨的爸爸，这些症状疑似强迫思维，也许还没有到“症”的地步，但要矫正起来，却非常难。她没有接触过这样的个案，心里没有一点儿把握。沉思了一会儿，她做了一个决定。

“祥雨爸爸，你这个情况，说实话，我也是第一次遇见。我不太确定能给你进行有效的咨询。所以，我想把你推荐给另外一个在这方面比较有经验的心理咨询师，你愿意吗？”

“只要对我有帮助，没问题。”

“吕老师已经把你的基本情况告诉了我。”赵志宏说。他接手李祥雨爸爸之前，认真地查阅了一些相关的文献，再结合自己以往的咨询经验，拟定了一个咨询方案。现在，他拿出来给李祥雨爸爸看，“这是我制订的咨询方案，我们再一起商讨一下。你有什么意见尽管提。”

“哦，好。”

“因为你的这些带有强迫性质的思维的产生，归根结底与你不良的个性有关，比如内向、固执、刻板、追求完美、缺乏安全感和社会支持等。而不良的个性又受你童年时期的成长环境和创伤性经历的影响。所以，我需要了解你早年的生活经历，尤其是童年时期所遭遇的一切肉体和精神上的创伤或挫折。这部分我会采用自由联想的咨询技术，从中发现那些与病情有关的心理因素。然后，我会从精神分析的角度，采用释梦、积极想象和自我认知分析等技术，挖掘你的无意识动机和欲望以及所遭受的精神创伤，再进行解释，让你领悟到症状的真正意义。你对这个方案还认可吗？”

“嗯，不会有什么不良后果吧？”

“一般不会。每一个步骤我都会十分谨慎的。”

“哦，好吧。”

“请躺在那边的躺椅上。深呼吸，深深地吸气，慢慢地呼气，让你的全身得到放松，放松……现在，想象你回到了小时候，尤其是那些让你不愉快的情境，不管你看到了什么或想到了什么，都讲出来，不要怕难为情，或感到荒谬奇怪而有意地加以修改。因为越是荒唐或不好意思讲出来的东西，极有可能越有意义并对治疗方面的价值越大。好，开始吧。”

李祥雨爸爸躺在那里，像梦呓一般，断断续续地述说着童年的片段。

小学五年级，那个阴雨绵绵的下午。放学后，他打扫完教室的卫生，下楼把垃圾拿到教室后面去倒，结果，他被两个学生堵住了去路。仔细一看，是他的同班同学——一个优等生和他的跟班。他感觉到两人恶意满满，撒腿想跑，但是，两人都比他高大有力，一人抓住他一边的胳膊，使他无法挣脱，接着把他拖进了教学楼的墙角。

“你们想干吗？”他颤抖着声音问。

“你说干吗？”优等生伸出手，推了他一把。他打了个趔趄，差点坐到地上。

“你这么厉害，你怎么不上天？”优等生尖厉的声音像一把刀。

“人家是班上第一名，你算什么？还敢当着老师和全班同学的面，说他做错了。”跟班抖着一条腿，鄙夷地说。

“我……”他想起来了，确实有这么回事。那是在上午的数学课上，优等生在黑板上解了一道题。老师都还没发现有错，就被他看出了问题，于是，举手示意老师，重新解了那道题。当时，他还特别得意，居然赢了班级第一，这是他做梦都不敢想的事。

“叫你嘚瑟！”报复来得如此之快，如此之猛，也是他没有想到的。

优等生的拳头和他的成绩一样厉害，打得他脑袋一阵阵发蒙，倒在地上，无还手之力。

“呸，看你以后还嘚不嘚瑟！”优等生临走时，吐了一口唾沫在他身上，撂下这句狠话，走了。

不知道过了多久，他从地上爬起来，一身酸痛。他艰难地来到水槽边，小心地洗去脸上的血迹和身上的泥沙，然后呆呆地坐在石梯上，脑子里一片空白，心中的愤懑和委屈，不知道可以向谁诉说。他知道告诉老师，老师是不会责罚优等生的。告诉父母，只会再挨一顿打，打他不该惹是生非。回到家后，他只能装作什么都没有发生过一样，对父母说，自己不过是下楼时不小心，摔了一跤。很长时间以来，他也是用这个理由说服自己，尽力地让自己忘掉那天下午发生在自己身上的暴力事件和由此带给自己的奇耻大辱。

“看来，你现在这种强迫性思维与你少年时期的这段创伤性经历有关。”赵志宏告诉李祥雨爸爸，“而因为精神创伤太大，所以，你渐渐淡忘了。但是，它从没有消失，而是在你的潜意识里扎根，悄悄地影响着你的思维，进而影响你的行为。这就是为什么，你那么恐惧身边比自己优秀、比自己强大的人。成年后，加上工作压力、生存焦虑等因素的影响，进而诱发了强迫思维。”

“哦，是这样。那么我该怎么办呢？”

“你现在既然明白了自己恐惧的根源，就应该不断暗示自己，其实，你已经长大了，有能力保护自己了，没有什么可害怕的。”

“有时我也这样对自己说。但是，只能管用一段时间。”

“所以，你还必须给自己一些机会，去深刻地感受人际交往中的善与真。”

“怎么感受？”

“多参加一些社会活动，尤其是公益类的活动。”

“哦，我知道了。”

“补偿”一词，首先出现于阿德勒的心理学中。补偿是指当个体因本身生理或心理上的缺陷致使目的不能达成时，便改以其他方式来弥补这些缺陷，以减轻焦虑，建立自尊心。补偿方式是为了克服我们独有的“自卑感”。而过度补偿，则是一种错误的自我防御机制。它是一个人因身体或心理方面的缺欠引起过度的补偿行为，以致“矫枉过正”，不但不能克服自卑感，反而会不断强化曾经的精神创伤，进而转化为严重的心理问题。

第二十章

咨询师的同侪心理督导：出生排序 vs 责任感

又到了诊所例会的时间。

温韵习惯性地提前来到诊所。进了门，看见小麦正聚精会神地在电脑前打着字，对她的到来丝毫没有察觉。

“就你一个人在呀？”温韵问。

“哎呀妈呀，吓死我了。”小麦惊恐地抬起头，用手拍着胸口，怔怔地望着温韵，像才从噩梦中醒来。

“干什么呢，这么入迷？”温韵问

“温老师，你什么时候来的，怎么一点儿动静都没有？”小麦说。

“你还想要什么动静？要不，我重新进来一遍？敲着锣打着鼓进来？”温韵开着玩笑。

“嘿嘿，那倒不至于。”小麦傻笑了几声，“你看，这里还有人问我们会不会办家长沙龙。”

“你怎么回复的？”

“我说正在筹划中。”

“嗯，答复得不错，这个可以考虑。”

“考虑什么？”秦一佩一进门，就接话。

“温老师说，要办家长沙龙。”小麦说。

“咦，这个想法不错。”秦一佩点着头说，然后又耸耸肩，俏皮地说，“我举双手双脚赞成。”

“双手双脚？你举个我看看？”温韵似笑非笑地盯着秦一佩说。

“我……”秦一佩一个翻身，跌进沙发里，举起双手双脚，得意地看着温韵说，“怎么样？双手双脚赞成，标准吧？”

“标准！特别标准的四脚朝天。”温韵说着，无奈地摇摇头，“真是个老顽童！”

“是双手双脚，不是四脚呀！”秦一佩急赤白脸地声明着。

“有分别吗？”温韵笑着说。突然，她听到动静，转头看去，只见乔真真、吕云英走了进来，对秦一佩说：“好了，别闹了，准备开会。”

“唉，我不想起来了。”秦一佩叹了口气，缩紧身子说，“今天不是同侪心理督导吗？就先拿我开刀吧。我现在十分烦躁，快得抑郁症了。来吧，我不怕被你们切割得骨肉模糊、血溅四野。”

心理督导是心理咨询师个人成长过程中不可或缺的一部分。它能帮助咨询师在本人出现心理问题时恢复心理健康，自我成长；也可以有效帮助咨询师提高咨询技能，及时调整咨询策略等。心理督导的形式多样，如上级咨询师或专家督导、同侪督导。其中同侪督导是同级心理咨询师相互进行心理督导。

“没那么夸张，又不是拍恐怖片。既然你这么积极主动，那行，就从你开始。”温韵又对其他人说，“来，大家都来坐好，我们开始了。”

“赵老师又请假吗？”乔真真问。

“不是，他申请回避。”温韵说，“因为今天的主题是咨询师的相互督导之自我成长，我们女性居多，他一个男的，很多属于女人的私密话题，他不方便参与。”

“哦，也是。”乔真真恍然大悟。

“我开始了。”秦一佩挪动了几下身子，让自己躺得更舒服点。然后，梦呓般，开始描述自己，“我来自农村，家里孩子多，五个。我是老大，学历、工作也是最好的。父亲在我十岁时就生病去世了。所以，我从小到大都像是父亲的替身，帮母亲担负起一家人的生计。现在，亦是如此。一个弟弟和两个妹妹的求学、工作和婚姻，都得我操心、张罗。有时候，觉得自己好累，有点撑不下去的感觉。我老公说我是自找的，可是，我又能怎么办？我不管谁管？难道就看着他们漫无目的地混日子吗？

“就拿上个周日来说吧，我们家庭聚会时，我最小的妹妹又把我好不容易托朋友给她找的工作辞了，而且已经辞了半个多月，所有人都知道了，就我不知道。我气得说了她两句，她还不服气，和我吵了起来。结果，大家还都说是我的不是。我真是寒心呀！这么多年，我对家里付出这么多，结果是这样的结局。你们说说，我到底做错了什么？”

“秦老师，你真伟大！”小麦赞叹道。

“小麦，我们今天不是来商业互捧的。”吕云英说，“我们需要客观地帮她分析她的人格特征，尤其是缺陷。”

“对，对，你们尽情地剖析，不要顾忌我，越深入越好。最好直击心肺！”秦一佩坐了起来，真诚地看着大家。

“秦老师，你是典型的老大人格特征——控制型，天生的操心劳碌的命。”吕云英说，“个体心理学家阿德勒认为孩子的出生顺序影响着孩子的发展。子女出生的次序不同，导致其在家庭中的地位、父母的抚育方式等也不同，由此形成不同的生活风格和人格特点。因此，长子和长女更独立、能干，在智力测验中得分较高，有较高的成就需要，在社会交往中更袒露自我；次生子女表现出较多的依赖行为，渴望得到成人的帮助和赞同，喜欢单独活动，竞争性强，善于适应环境；末生子女则具有较强的自尊，易出现退缩行为，智商较低，不易在学业上获得成功，总希望得到别人的帮助和关怀。而且，因为长子和长女在头几年中会享受到家中独生子女的优越身份，等到弟妹出生后，会力图保持自己先前的权威和特权。所以，长子和长女一般控制欲比较强。”

“我觉得也是。你看我身边的朋友，但凡有兄弟姐妹的，长子和长女个性大多比较憨厚、顺从、顾家，有责任心。”乔真真说，“还好，我是独生子女，不受这个出生次序的影响。”

“嗯，阿德勒的研究结果倒是和我家的现状很吻合。”秦一佩说。

“是呀，据我们平时的观察，似乎是这样的。”温韵说，“不过，你也别先往自己的身上套。我是老小，怎么我就不像阿德勒说得那么不堪呢？再说，阿德勒的这个观点也是受到了一些心理学家的质疑的。因为家庭大小、出生间隔、性别、父母性格以及社会因素等都会影响出生次序所起的作用。但由于这些变量不易控制，想要科学、系统地研究它的影响力，是很困难的。

有心理学家提出出生次序本身不具有意义，它通过影响父母和其他兄弟姐妹对孩子的方式，以及孩子本人对出生次序的看法而起作用。这个观点，我还是比较赞同的。”

“温老师，你的意思是说，秦老师除了‘老大’这个因素，还有其他的一些因素导致了她现在的个性特征。”小麦问温韵。

“是呀，比如父亲早逝，不得不担负起家庭重任。否则，她可能没有这么强的责任心。”温韵说。

“也许吧。”秦一佩若有所思。

“再加上你本身智商不错，能力强，在兄弟姐妹中出类拔萃，更是强化了你的责任感。如果你不参与弟妹们的事，就会一直担心他们做不好，那你就是失职了。”温韵对秦一佩说。

“是呀，我的弟弟和妹妹做事一点儿都不让人放心，总是会出问题。所以，逼得我不得不插手。而且，我妈也爱在我耳边唠叨，好像我不管弟妹们的事，就是不孝。”秦一佩说。

“一切关系都是互动的结果。所以，你家慢慢地形成了这样一个行为模式：你习惯于大包大揽，而你的弟妹习惯于依赖你。其实，这两者之间互为因果。但是，一切关系都是有边界的，如果逾越了这个边界，关系就会破裂。”温韵说。

“嗯，温老师说得有理。你的强势和能干，压抑了你的弟弟妹妹自身的发展。他们本来就没有你能力强，而且，你也没有给他们锻炼自己，提高能力的机会，所以，就会变得越来越弱，依赖行为固化。正所谓此消彼长。”吕云英说。

“而且一个人依赖久了，就会得寸进尺，觉得别人的帮助是理所应当的。如果你不让他依赖，或没有让他感到满足，他就会有很多的怨言。”乔真真说。

“你们的意思是，我现在这种情形是自找的？”秦一佩一脸委屈地说。

“嗯，总结得很到位。咎由自取、自食其果这些词就是形容你的。”温韵笑嘻嘻地说。

“你还开玩笑？”秦一佩撇着嘴，不满地说，“我都快郁闷死了。”

“你光郁闷有什么用，关键是要改变自己的思维模式和行为模式。”温韵说。

“怎么改？”

“你有没有发现，你现在的角色和那些对自己子女有控制欲的母亲如出一辙？”温韵说。

“这……”秦一佩说，“好像是的。”

“所以……”温韵说。

“所以，我必须学会放手。”秦一佩展露笑颜，“让他们自己学着解决自己的问题。”

“对呀，秦老师。他们有他们的人生，你不可能事事包办。”乔真真说，“我妈就喜欢包办我的事，我就很烦她。虽然我知道她是因为爱我，担心我，但是我也受不了。”

“你刚才还说你没有受到出生次序的影响。”小麦说，“现在好了，做独生子女也会有问题的。”

“我多多少少能理解秦老师的弟弟妹妹的心情。其实是很矛盾的，想偷懒，又想自己做主，但是又怕自己做不好。说白了，是没有自信。”乔真真说。

“自信是在实践中培养出来的。”吕云英说。

“就是，我这么多年来，离开家，上大学，现在独立生活，这才找到一些自信。”乔真真说。

“很好，乔真真，你已经意识到了自己人格上的弱点，并有意识地去完善它，这就是最大的成长。”温韵说。

“嗯，革命尚未成功，我仍需努力！”乔真真右手握成拳，在眼前晃了两下，目光颇为坚定。

“我们一起努力！”小麦上前，双手握紧乔真真的右手，煞有介事地说道。

“真是戏精姐妹，戏还真多呢！”秦一佩嘟囔着。

第二十一章

生孩子的恐惧：安全感 vs 情感支持

“昨晚，我高中同学打电话来说他老婆怀孕了，但是每天以泪洗面，情绪十分低落。”乔真真说，“他想让我给他老婆看看，可我怎么行？我又没有结婚，更没有生过孩子。要不哪位老师有空给她看看？”

“我有空，我来吧。”吕云英说。

“好呀，谢谢你，吕老师，我跟我同学说，让他俩来找你。”乔真真说。

“所以说，要想成为一个优秀的心理咨询师，还是得结婚、生孩子,多些阅历才好。”秦一佩突然感叹着,然后盯着乔真真说,“你还不打算结婚？快三十了吧？”

“秦老师，人家还没到二十八呢。”乔真真晃动着身子，撒着娇，下意识地以为这样就可以减龄。

“不小了，我在你这个年龄，孩子都两岁了。”秦一佩毫不客气地捅破了乔真真对于年龄的幻梦。

“我也想结婚呀，可我嫁给谁去？”乔真真无奈地叹了口气，

“唉，这个问题我妈已经说了好多遍了，我正烦着呢。秦老师，您就别再火上浇油了。”

“我不是要火上浇油，我是打算雪中送炭。”秦一佩狡黠地冲乔真真眨了眨眼。

“什么意思？”乔真真懵了，傻傻地问。

“我有个朋友，好久不联系了。前天，我在街上碰到她，她说她有个儿子，独子，研究生，私营企业的高管，就在本市。三十三岁了，没有女朋友。我觉得和你挺合适，要不要我给你做个媒？”

“秦老师，你这个做媒的，是不是得先拿双方的照片，让他们各自看看再决定呀？”吕云英说。

“不用这么麻烦，直接见个面。成，当然好；不成，就当认识个朋友。对吧，乔真真？”

“啊？”乔真真不知道是该回答对还是不对，愣在那里。

“见吗？”秦一佩逼问乔真真，不允许她含糊其词。

“见！见！”小麦在旁拼命撺掇，“反正，他也不会吃了你。”

“嗯……好吧。”乔真真犹疑着，算是答应了下来。

“好，我晚上就给你联系，早点把见面时间定下来。”秦一佩兴奋地站起身，众人还没反应过来，她已经开门向外走。消失前，撂下最后一句话：“等我的好消息吧！”

“我不想生孩子,不想生……”女孩轻声地咕哝着,不仔细听,很难听清。

吕云英看着眼前这个实际年龄已经近三十岁的人，却没有办法称她为女人，因为此时的她就像一个心智尚未发育完全的女孩。她叫祁婧，穿了一件黑色的中长款棉衣，双手抱胸，埋着头，蜷缩在沙发里。齐肩的短发，纷乱的刘海把一张不大的脸遮去了一半，只有一双满是惊恐的眼睛，时不时瞟一下吕云英，像在发射秘密电码，解析出来，全是“救救我，我不想生孩子”。

“你为什么不想生孩？”吕云英平静地问。

“我不知道，我就是不想生。”女孩的声音带着哭腔，摇晃着头，满是绝望，“我害怕，我特别害怕。”

从祁婧老公那里，吕云英了解了一些有关她的基本情况。祁婧是独女，父母在她五岁时离异。她一直和父亲生活，和母亲不常联系，学历是中专，会计专业。二十五岁时，第一次怀孕，因为是未婚先孕，男方父母顾忌名声，说服其放弃第一胎。结婚三年后，祁婧再次怀孕。全家皆大欢喜，准备迎接小生命的到来，只有祁婧的情绪不太对劲。自从她知道自己怀孕，情绪便一天比一天坏，常常无缘无故地发火，最近更是半夜不睡觉，坐在床边发呆，有时还低声哭泣。

“你说你很害怕，是怕生孩子很痛还是怕孩子生下来不好养，或者是怕别的什么？”吕云英问。

“我不是怕生的时候痛，我是真不想要这个孩子，我养不好。”祁婧撑起身子，盯着吕云英，“你看我这个样子，怎么能养活一个孩子？”

“你这个样子，你主要是指什么？”

“我……我一直很烦，很难受。”

“你的意思是说，你自己过得都不好，没有办法养好孩子，对吗？”

“嗯。”

“但是，你的家人和你老公会帮你呀。”

“没有，没有人能帮我。”祁婧提高了嗓门，有点歇斯底里地叫着，“我不要这个孩子！”

“你是害怕孩子生下来没有人帮你照顾，所以不想要这个孩子？”

“我不知道，可能这只是原因之一吧。反正，我就是害怕，害怕生下这个孩子。”

“你和你老公的感情如何？”

“以前还好，现在一般。”

“感情改变的分界线是什么？”

“从他和他父母让我打掉第一个孩子起，我们的感情就变了。”

“你恨他？”

“还没有到恨的地步。当时，我自己也是同意的。”

“那是失望？”

“对，就是失望，特别失望。”祁婧的情绪平稳下来，倾诉的欲望突然井喷，开始滔滔不绝地诉说自己这几年的心路历程，“我从小跟着我爸爸长大。我爸爸是个很木讷的人，他只能保证我吃穿不愁，却不能给我任何精神上的支持。我妈已经重组家庭，对我基本不闻不问，即便现在也是如此。我遇到我老公时，他对我很好，让我觉得很温暖。当我第一次怀孕的时候，我们已经在谈婚论嫁了，但是他父母不同意我们要这个孩子，说我们还没结婚就有了孩子，说出去不好听。还说反正我俩还年轻，就先不要这个孩子。我老公没有反对，我那个时候也不知道怎么了，就稀里糊涂地答应了。”

“你现在有些后悔了？”

“不，我不后悔，我不想要孩子。”祁婧坚定地说，“我只是很生我老公的气。那个时候，他为什么不反对这件事。”

“你的话我可不可以这样理解：你其实是有点想要第一个孩子的，但是，你老公没有支持你，你很寒心。所以，这也是你现在不想要孩子的原因之一。”

“对，是这个意思。结婚后，我发现，我老公根本就还是个孩子。他什么事都不管。大事听他父母的，小事又不愿操心。家务事都是我在做，他天天只知道打游戏，饭做好了喊他，他都不答应。”

“所以，你对你现在的婚姻生活很不满意，很没有安全感，怕孩子生下来，生活重担都落在你的肩上，你无力承担，因而感到恐惧？”

“嗯，是吧，我的心是慌的、空的。老师，你能明白吗？”

“我明白。除了第一个孩子的原因，日常生活中，你的家人、你老公的家人，尤其是你老公，对你关爱不够，所以你其实是缺乏基本的安全感。”

“你说得对，老师，我本来就是个没有安全感的人，他们那样对我，我就更没有安全感了。”

“理解。可是你有没有想过，你这个年龄再放弃一个孩子，可能对你的身体和以后的生育有很大的影响。”

“我知道。我现在管不了这些。一想到要生下这个孩子，我就特别的害怕。真的，太害怕了！”祁婧缩到宽大的外套里，似乎竭力在躲避什么凶猛之物。

“嗯，这样吧，你先休息一会儿。我再和你老公谈谈。”吕云英说，“假设你老公愿意分担家务，主动帮你带孩子，你是否考虑留下这个孩子？”

“不，我不生。”祁婧还是摇头，“我不相信他做得到。”

“你的爱人的情况就是这样。”吕云英对祁婧的老公说，“她从小没有得到家庭足够的关爱，本来个性上就有些自卑、敏感、怯懦、缺少安全感……再加上发生第一个孩子被迫放弃的事，还有你在婚姻生活中对她的忽略，她心里淤积了太多的负面情绪，随着胎儿一天天长大，导致了焦虑和恐慌大爆发，以至于她现在特别恐惧生孩子。”

“我知道第一个孩子的事伤害了她，我也挺后悔的。可是，她老拿这件事说事，我也挺烦的。而且，你可能也知道，她父母都不太管她，尤其是她妈，对她很冷淡。所以，她很黏我，可我也想有点属于自己的私人空间。可能结婚后，我打游戏打得多了，有些忽略她，让她没有安全感。”

“当然也不全是你的原因。但是，如果你可以对她多点关爱，多点耐心，也许你可以修补她情感的缺失，让她更有安全感，而不至于走到今天这一步。”

“嗯，我明白了。”

“刚才她的语气还是很坚定，不想要这个孩子。你和你父母有这个心理准备吗？”

“她这种情况，我们也没有办法。还是以大人为主吧，她实在不想要就不要吧。”

“这个想法你跟她说过吗？”

“好像说过吧？”他有点不确定。

“过一会儿，你最好再明确地跟她说一遍。”

“嗯，好吧。对了，吕老师，她是不是得了抑郁症？”祁婧的老公急切地问。

“她这样以泪洗面有多久了？有不想活的想法吗？”

“大约一个星期了。偶尔会说，还不如死了好。”

“有行动吗？”

“那倒没有。”

“还没有到‘症’的地步，只是焦虑和抑郁情绪。不过，如果她再得不到家人，尤其是你的关爱，恶劣情绪就很可能持续下去，那就不好说了。所以，要密切观察，如果情绪有恶化的趋势，尽快到医院就医。至于这个孩子能不能保住，还取决于你的家人，尤其是你对她的态度。温暖的亲情可以消除她的恐惧和担忧，也许她还有改变心意的可能。”

“哦，我明白了。对了，她现在睡不着，可不可以吃点安眠药？”

“这个需要问妇产科医生。”

“哦。”

“我跟你说过了。这个孩子你想要就要，不想要咱就不要，以后想要的时候再要。”当着吕云英的面，祁婧的老公颇为真诚地说。

“那你父母呢？”祁婧问。

“我父母也是这个意思。再说，要不要孩子是我们的事，当然由我们来决定。对我来说，你比孩子重要，真的。”祁婧的老公坚定地说，“我知道，结婚后我做得不够好，忽略了你。所以，请你再给我一个机会，我一定会改的，不会再让你一个人承担这么多。”

“我也不是害怕承担家庭责任。”祁婧的神色不再那么阴郁，语气也平静了许多，“只是你家人和你对我不闻不问，漠不关心，我就是害怕，没有信心把孩子养好。”

“你不用害怕，我会一直在你身边。”祁婧的老公说，“不管你做出什么决定，我都没有意见。我去和我父母沟通，他们也表态过，以你的身体为重。”

“好吧。希望你能说到做到。”吕云英说，又转脸对祁婧说，“我看你老公这次挺真诚的，你就不要太着急放弃孩子，过一段时间再作决定，好吗？”

“嗯。”祁婧低声应着。

望着小夫妻离去的背影，吕云英思忖着：现在，常常听到女人抱怨缺乏安全感！可安全感到底是什么？

“吕老师？”乔真真轻轻地叫了吕云英一声，见她没有回应，便提高嗓门又叫了一声。

“啊？你叫我？”吕云英从沉思中回过神来，茫然地看着乔真真。

“吕老师，你在想什么，这么认真？”乔真真好奇地问。

“安全感。”吕云英问。“对了，你觉得你有安全感吗？”

“我，还好吧。”乔真真歪着头，想了想说。

“你呢？小麦？”吕云英问。

“我没有，我是典型的没有安全感的人。现在，我一个人睡觉时都要抱着我的熊熊玩偶才能安心入睡。”小麦不好意思地说，“所以，我想找个成熟点的男人，这样我或许会比较有安全感。”

“错！你大错特错！”乔真真皱着眉头，痛心疾首地说，“姑娘，安全感是自己给自己的。真正的安全感只可能来自一个地方，那就是你的内心。如果自己太缺乏安全感，别人永远也不可能给你安全感。”

“真的是这样吗，吕老师？”小麦问。

“也没有那么绝对，影响安全感的因素有很多。当然，完善的人格是一个人建立安全感的基础。安全感强的人具备较高的接纳和自我认同，而缺乏安全感的人往往隐藏着强烈的自卑和敌对情绪。但是，在与人互动中，对方的行为也是影响因素之一。”

“哦，我明白了。首先，自己要有较强的安全感。然后，才能在与别人的互动中，不会受到太大的影响，否则就常会感到没有安全感，以至于悼悼不可终日，情绪失控。”小麦若有所思地点着头。

“答对了。十分！”乔真真俏皮地冲小麦打了一个响指。

按照心理学上的定义，安全感是对可能出现的身体上或心理上的危险或风险的预感，以及个体在应对处事时的确定感和可控感。可见，安全感归根结底是对自己应对未知事件的一种自信。如果一个人从小没有培养足够的自信，没有建立起自身的认同感和价值感，便不可能获得安全感。所以，渴望稳定、安全，成为其个人内在的精神需求，即心理需求。而影响安全感的因素有很多，有精神的，如缺乏足够的关爱；有物质的，如贫穷；有主观的，如自卑的个性；有客观的，如威胁人身安全的人或事。人本主义心理学家马斯洛在详细分析了具有安全感和不具有安全感个体的具体表现后，得出一个结论：父母在儿童形成安全感方面有重要影响，也就是说，人的安全感的形成与其童年时期的经历和父母的教育方式有关。如果在孩子年幼的时候，父母能够给予孩子足够的、稳定的、合理的爱，孩子就会体验到安全感。这种感受进而延伸出对于他人及世界的信任，并且感觉到自尊、自信以及对现实和未来的确定感和可控制感。反之，则不然。并且，安全感是决定心理健康与否的最重要的因素，它与神经症的发病密切相关。

第二十二章
“妈宝男”：自我同一性 vs 丧失自我

秦一佩的行事作风一如既往地雷厉风行，第二天，她就帮乔真真沟通好了相亲的一切事宜。时间就在这个周五的晚上，地点则选在了中心公园旁边的星月咖啡店。小麦很想跟去凑热闹，被秦一佩断然拒绝，并告诉她，不用着急，她也会有这么一天的。小麦把嘴一撇，咕哝着自己才不会用这么老土的方式揭开美好爱情的序幕。乔真真反驳她，只要是美好的爱情，以什么样的开始方式都无关紧要。就怕爱情开始的方式很浪漫，结果很惨淡。然而，相亲结束后，乔真真才发现，自己还是过于乐观了。

“唉，真没想到他是那么一个人。”秦一佩半躺在咨询室的沙发上，有气无力地对温韵说，“真后悔做了这个媒人。”

“没什么好后悔的。你是在做善事，心是好的，虽然你做媒的能力有限。但不要气馁，好好总结经验教训，下次就会离成功更近一些。”温韵忍着笑，半真半假地鼓励她。

“就是，秦老师，没事的，反正我也没抱太大的希望。”乔真真本来有些沮丧，但看到秦一佩自责的样子，心一软，反倒安慰起她来。

“到底是个什么样的人？把你俩打击成这样，不应该呀？”温韵狐疑地问。

“怎么说呢？”乔真真瞟了一眼秦一佩，寻找这合适的词汇。

“就是一个‘妈宝男’！”秦一佩倒挺干脆，直接给男生定了性。

“哦？说来听听。”小麦从写字桌后跳出来，端端正正地坐在沙发上，盯着乔真真。就像三岁孩童等着妈妈讲童话故事般，一脸的好奇与期待。

“嗯……”乔真真碍于秦一佩的面子，不好意思说。

“我说吧。”秦一佩突然来了精神，“一开始，我还以为男方会一个人来，最多他妈妈会到。哪想他们一来就是一大堆人，有两个姨妈，一个姑妈，一个舅母。这一大堆人，一人一句地问乔真真，比警察查户口都问得仔细。唯独这个男生坐在那里，默不作声，像是个路人。我实在看不下去了，好说歹说把这七大姑八大姨给劝走了，给乔真真和那个男生单独相处的机会。后来……乔真真，你说吧。”

“你们都走后，我以为那个男生会主动些，结果，他还是那副木讷状态。我只好没话找话，基本上是我问一句，他答一句。我实在受不了了，就问他是不是被逼来相亲的。他说不是，是他自己愿意的。因为他妈妈说他年纪不小了，该结婚生孩子了，他觉得他妈妈说得对。还问我愿不愿意结婚后就马上生孩子。我便问他，你是不是什么事都听你妈妈的。他说，大部分是，因为他自己不想去考虑生活中那些琐碎的事。我说，那你以后和谁结婚、在哪住、多久生孩子、生几个孩子，是不是都得问你妈妈。他居然说，是呀，不应该吗？可婚姻是一个人人生中的大事呀！他竟然还要他妈帮他作决定。我，我当场差点就晕过去了。”

“对不起，乔真真。小时候看着这个孩子挺好的，多年不见，谁知道长大后成了这样。后来，我听他姨妈说，这个男孩十六七岁的时候，晚上还和他妈睡在一张床上。”秦一佩愧疚地说，“以后看到真正优秀的男孩，再给你介绍。”

“没事,秦老师,我就当长长见识。”乔真真转头去问温韵,“对了，温老师，这种‘妈宝男’是不是也应该算作心理有问题？”

“嗯。只是不同的人症状的严重程度不太一样，心理问题的性质也不尽相同。”温韵思忖着，慢悠悠地说，“有些‘妈宝’只是四体不勤，没有主见。尤其在婚姻生活中，常常以自我为中心，对家庭事务毫不上心，对配偶关心也不够，但不一定有心理问题。有些症状严重者则可能有心理问题，甚至发展为人格障碍，比如依赖型、偏执型或自恋型人格障碍。这些人生理上已成年，但心理上却幼稚、不成熟。他们在本该独立的人生阶段依然过度依赖妈妈，仿佛是未断奶的成年人。什么都听妈妈的，以为妈妈都是对的，什么都以妈妈为中心。所以，‘妈宝’们的典型特征就是决定任何事情前都要先想‘我妈怎么说’，不出意外就按照‘我妈说的’采取人生的每一个决策。”

“真不知道这些人到底是怎么形成这样的思维和行为方式的？”小麦问。

“还不是从小被父母，尤其是当妈的给惯出来的。他们当中有些人从小到大没有洗过一只碗，甚至连挤牙膏、倒洗脸水这样的事也一概有人代劳。可以说，人生中的大小事务都由父母来帮他们作决定。即便他们结了婚，也是如此。所以，每个‘妈宝男’或‘妈宝女’后面，都有一个控制欲极强的母亲。”秦一佩说。

“‘妈宝男’其实就是心理学家马西亚所说的自我同一性早闭。”乔真真说。

“自我同一性早闭？”小麦疑惑地问，接着又不好意思地说，“这个知识点我一直没太明白。”

“是的。自我同一性这个概念是心理学家艾里克森提出的，是指青少年的需要、情感、能力、目标、价值观等特质要整合为统一的人格框架，即具有自我一致的情感与态度，自我贯通的需要和能力，自我恒定的目标和信仰。后来，心理学家马西亚把它发展了。”乔真真终于逮到了一次充分展示自己学霸风采的机会。于是，滔滔不绝地讲着，“所谓自我同一性早闭是指青少年在成长的过程中，没有对有关自我发展的重大问题，比如‘我是谁’‘我将来想成为一个什么样的人’这类问题，进行自己独立的思考，而是顺应父母或其他权威人物的期望。所以，又被称为‘权威接纳状态’。这是过早地将一个人的自我意向固定化，从而阻碍自我确定的其他发展的可能性。最终的结果，就是我不需要知道我是谁，也不关心我真正的愿望是什么，只要听爸妈的话就好。通俗地讲，就是丧失了自我。”

“太可怕了，求求上苍，可别让我遇到‘妈宝男’。”小麦拱着手，仰着头，面向着天花板念念有词。

“那可难说。‘妈宝男’毕竟也有许多吸引女人的特质，比如温和、嘴甜、孝顺……有的也很帅呢。说不定你就喜欢上了。”

乔真真逗小麦。

“你可别咒我。”小麦黑着脸，正告乔真真。

“不要那么紧张，有些‘妈宝男’还是可以改造的。”温韵看到小麦的神态，忍俊不禁，笑着说。

“难！很难！”秦一佩撇了撇嘴。

“有什么办法？”乔真真和小麦异口同声。

“首先，要让他有自我觉知，从思想上认识到自己存在的问题。这个需要配偶有更多的耐心和爱心。好好与之沟通，不要总是抱怨、说教或发脾气，这些方法往往都无济于事。其次，要心平气和地去改造他。主要是培养生活技能。‘妈宝男’一般都有个任劳任怨的老妈，其自身生活能力较差。配偶应该多给他提供一些动手的机会，比如循序渐进地指导他完成一些家务，像洗碗、拖地、洗衣服等，或者两个人一起完成一些日常生活事务。这样一来，慢慢引导‘妈宝男’在家庭事务和照顾女方上投入更多的时间和精力。最后,还要培养他们的责任感和主见。两人共同生活，可以养一只宠物，让男人照顾好它的饮食和日常起居，进而培养一些责任感，对以后两个人的生活会有很大的帮助。平时生活中的一些小事，还可以多让他们拿主意，作决定。不管是否正确，只要他们能自己拿定主意，可以先表示支持，然后再寻找更好的解决方案。另外，结婚后，最好不要和父母同住，这样就可以让他们学着摆脱对父母的依赖，培养处理问题的能力，学会独立生活，进而强大自己的内心。”

“这工程也太浩大了吧？”小麦张大了嘴，感叹道，“我自己就是一个心理有问题的人，实在没有强大的内心去改造‘妈宝男’。所以，我还是得日夜祷告，不要爱上‘妈宝男’。”

“祷告有什么用？重要的是学会鉴别什么样的男人才是好男人，什么样的男人才适合自己。”乔真真说。

“有道理。”小麦甚为赞同，但马上又提出疑问，“不过，我怎么才能拥有这种鉴别好男人的能力呢？”

“学习、思考、实践，再学习、再思考、再实践……”温韵说。

“唉，人生好难！”小麦做了个鬼脸。

“可是，还是得迎难而上，不是吗？”乔真真坚定地说。

第二十三章

丑陋的小孩：自我形象认知 vs 自我认知障碍

“温老师，你看，有个女孩的留言。”小麦坐在电脑前面，指着屏幕。温韵凑过去，看到了一条留言：“我市有没有经验丰富的、水平高点的、价格不坑人的心理咨询师？最重要的是不会把我越治越糟。谢谢！”

“在看什么？我也看看。”秦一佩，一个快五十岁的人了，好奇心一点儿不输三岁孩童。读完留言后，她自言自语：“咦，这个女孩的留言，信息量有点大。”

“要怎么给她回复呢？”小麦问温韵。

“跟她说，我们这里都是专业心理咨询师，持证上岗。经验丰富，价格亲民，保证不会把她越治越糟。让她电话联系我们。”秦一佩替温韵回答。

“还是不要这么着急游说她来咨询。先问清楚她的病情，再作决定吧。”温韵说。

“对，还是你理智、稳重。”秦一佩恍然大悟，向温韵投去一抹欣赏的目光，说，“万一，她的病情太严重，正在急性发作期，我们也不能接，还是要劝她先就医。”

这时，温韵听到敲门声，扭头看向门口，说：“请进！”

一个敦实的、中等身材的男人，满脸堆着谦卑的笑容，探头问道：“请问，谁是温老师？”

“我是。进来吧。”温韵走到门边，把门开大些。眼前晃过一团黑，像隐匿在黑夜里的招魂使者，她吓了一跳。仔细一看，长长的黑发下面，半掩着一张苍白的无表情的小脸，原来男人背后还跟着一个女孩。“快进来。”温韵伸手想去拉女孩的胳膊，但只抓到她的衣袖，没有摸到她的胳膊。

“来，这边坐吧。”小麦从电脑后面走出来，示意两人坐在沙发上。她给两人倒了两杯水，然后拿文件夹给女孩的父亲解释心理咨询的流程，并指导他们完成文件的签字和表格的填写。

温韵等他们办好手续，便带着女孩走进了咨询室。

“我看你在表格上填写的是希望解决一下情绪问题，是吧？”温韵问。表格上还显示，女孩叫袁其格，13 岁，独女。

“我最近就是觉得特别烦，有时候，感觉自己快要爆炸了。”袁其格说。声音很低，好像每句话都是从嗓子眼里挤出来的。话中愤怒情绪也被挤得像一支支箭，瞬间迸发。

“嗯，好吧，我们今天就来探讨一下，是什么让你这么烦躁。然后，我们再一起找到解决的办法。好吧？”温韵温和地看着她，像在哄一个吵着不肯睡觉的小孩。

“好。”温韵的亲和让袁其格很快放松了下来。

“你心情这么烦躁有多久了？”

“其实，我的心情一直都不太好，很少有高兴的时候。”

“一直？从小学开始吗？”

“嗯。”袁其格沉默了片刻，突然冒出一句，“我上小学的时候很胖。”

胖？温韵疑惑着，再次端详着她。这个字跟现在的她，根本半点边都挨不上。

“那时候，我真的很胖！脸圆得就像个包子。”袁其格自顾自地说道，“班上的同学，不管是男生还是女生，都叫我肥猪、蠢猪、丑八怪，还偷拍我的丑照做成表情包，到处发。”

温韵的心咯噔一下，有一丝抽搐。她知道，眼前这个淡然地说着自己那段凄惨往事的女孩，心里曾经是多么的绝望和无助。温韵很想把她拥在怀里，但是，她们现在的关系还没有亲密到那一步。她不能轻易越界。

“那时，你一定很痛苦吧？”温韵只能表达一下她的共情。

“嗯，特别难受，但是没有办法。”

“为什么不告诉老师或者父母？”

“说了，没用。老师不管。我爸妈说同学只是闹着玩，让我不要这么计较。”

怎么会有这么愚钝的父母？温韵在心里愤怒地大叫。

现实生活中，当孩子在学校受到老师或同学不公正的待遇时，家长常常有两种错误的反应：一种是反应过度，另一种是反应迟钝。反应过度的家长往往会为了孩子之间很小的争执和误伤找校长、找老师、找学生，结果闹得学校鸡犬不宁。家长以为给孩子讨回了公道，其实，他们的过激行为让孩子在同学面前丢尽了颜面，成为众矢之的。无形之中把孩子推入一个更危险的境地——丧失自尊、被同学孤立、受到心理伤害。而一些反应迟钝的家长则对孩子被伤害一事漠不关心，认为不过是小孩子之间的游戏，过几天自然会平息或淡忘，因此没有及时地帮孩子排解被伤害导致的负面情绪。最终，这些负面情绪长期淤积，成了孩子心里挥之不去的阴影，甚至成为日后心理问题或心理疾病的根源。

“有同学打你吗？”

“那倒没有。他们只是经常骂我，说各种难听的话。”

“男生还是女生？”

“都有。”

“你不回嘴吗？”

“我不敢。我怕骂了她们，她们就更不理我了，我在班上就没有朋友了。”

联合国教科文组织曾发布的一份题为《数字背后：结束学校暴力和欺凌》的报告显示，最常见的校园欺凌是嘲笑或谩骂等言语形式，占比在 50% 至 70%。它比肢体欺凌更加不易被觉察，也就更容易被成人所忽视。但是，它对孩子心灵的伤害一点儿也不亚于身体伤害，甚至有时更甚。“欺凌者”由于长期欺负别人，内心得到极大满足，以自我为中心，对同学缺少同情心，而“旁观者”会因为帮不到受害者而感到内疚、不安，甚至惶恐。“受欺凌者”通常在身体上和心灵上受到双重创伤，并且容易留下阴影，长期难以平复。而“受欺凌者”往往是那些体态异常、长相不佳、智力障碍、行为异常或性格懦弱的小孩。

袁其格小小年纪就不幸成为“受欺凌者”，不但遭受了长期的言语欺凌，被当众嘲笑、辱骂，被别人取侮辱性绰号，而且遭受了网络欺凌，自己的照片被恶搞，在网上传播；还遭受了社交欺凌，常常被孤立，没有知心朋友。

“老师会嘲笑你吗？”

“不会，我的学习成绩很好。老师还挺喜欢我的。”

也许这就是袁其格长期被欺凌但还不至于崩溃的重要缘由。

“看来，你在学习上还是很自信的。”

“嗯，但是，最近我觉得学习有点跟不上了。老记不住东西，明显不如小学了。”

“原因是什么呢？自己想过吗？”

“可能还是身体不好。头晕，没力气，总是不舒服。”

“为什么身体会不好了？去医院检查过吗？”

“都检查了。医生说没什么大病，就是太瘦了，让增加点营养。”

“这很简单呀！多吃点好吃的。”

“不行，我这么丑，不能再胖！”袁其格轻轻地摇着头，却给人一种不容争辩的倔强感。

“谁说你丑？你其实眉目挺清秀的。”温韵是真心的。

“她们都这么说，尤其是我的牙齿，龅牙，是天包地。”袁其格为了强调她难看的上排牙，特意侧过脸，抬高下巴，好让温韵看清楚。

人们对自己形象的认知，最初是来自外界的评价，即社会评价。如果不加选择地全盘接受，很容易形成错误且消极的自我形象认知。而自我形象认知会影响我们如何看待自己，如何与他人互动，甚至影响我们对周围环境的感受。积极的自我形象认知会促使我们发挥潜力，促进我们的身心、社交、情感和精神健康。而消极的自我形象认知则会降低我们在这些方面的幸福感，以及我们整体的生活满意度和功能。可以说，自我形象的认知时刻影响着我们生活和工作的方方面面。

“哦，是有点。”温韵犹豫了一下，还是决定说实话。明摆着的事实，如果否认的话，会让来访者怀疑咨询师的真诚，“不过这个可以通过箍牙来矫正。”

“可我爸妈不同意。”袁其格沮丧地说，“我有一个好朋友和我一样的情况，她箍了牙就好看了许多。”

“这个我可以和你爸爸沟通一下，帮你说说。”对于青少年来访者的合理要求，温韵总是愿意帮他们与父母沟通。因为满足孩子的合理需求也是维护心理健康的有效手段。

“哦。”

“长胖对你来说是件很恐怖的事情吗？”

“嗯，我害怕再被别人骂‘肥猪’。小学毕业后的暑假，我好不容易减了下来，不想再胖回去了。”

“可是，你矫枉过正了。”温韵说，“你看，学习好是唯一让你自信的事。但是,你身体不好,注意力就差,记忆力也就不会好,更不要说思维了。结果肯定是学不进去。”

“嗯，就是这样的。我现在学一会儿就感觉好累，有点学不进去。”

“学不进去，你的成绩就不会好，然后你就会很焦虑，而焦虑会更影响你的学习。这就成了一个恶性循环。那么，走出恶性循环的办法是什么呢？”

“我得身体好，才能有精力学习。”袁其格若有所思地说。

“对。”

“唉，我现在也想多吃。”袁其格委屈地说，“可我爸妈老在我耳边说，我好瘦，要多吃这，多吃那。每次吃饭都说，让我好烦。就更不想吃。”

“哦。那还有什么让你心烦的？”

“主要是我妈。”

“你妈怎么了？”

“我和她简直没办法交流。不管和她说什么，她都会扯一边去，或说些很难听的话，让你心里特别烦躁。”

“哦？你能举个例子，说得详细点吗？”

“每次我和我妈妈聊天，聊着聊着她就开始发牢骚。说我不懂事，她这么辛苦把我养大，我不理解她，还整天和她吵，她真是后悔生了我之类的。”

“你听到这些话，很生气是吗？”

“是呀。本来还挺高兴的，但是她老是说这些伤人的话。所以，我现在尽量不和她说话，免得……”

“免得受伤害。”

“嗯。”

“爸爸呢？”

“他经常在外面玩，不怎么在家。”袁其格耸了下肩，一副满不在乎的样子，“不过，我也有点理解他。在家不是和我妈吵，就是听我妈和爷爷奶奶吵，谁愿意在家呀？”

袁其格凸出的下颌骨和下陷的腮帮，让温韵心里泛起一阵阵怜悯之情。可怜的孩子，在学校遭受言语欺凌，在家也未能幸免。一个找不到安全港湾的孩子，如何能健康快乐地成长？

“我家里人还经常吵架，也挺烦的。”袁其格自言自语地说，但是语气中不带一点儿情绪，想必是麻木了。

“谁和谁吵？”

“爸爸和妈妈吵，妈妈和爷爷奶奶吵，爷爷奶奶之间有时也吵。”

“啊？”温韵被惊到了，这是个什么样的家庭呀？“他们主要为什么吵？”

“什么事都吵。”袁其格指着耳朵说，“我感觉自己好像都出现幻听了，有时候坐在那里，就听见有人在吵架，可是，起来看却并没有人在吵架。”

“这种情况是从什么时候开始的？”

“就是最近一年吧。”

“一般在什么情况下发生？发生的频率是怎样的？”

“做作业、看书，有时上课也能听到。一个星期两三次吧。”

“看医生了吗？”

“医生说，耳朵没问题。可能是没休息好。”

“应该和你家人经常吵架有关。”温韵沉思片刻说，“他们吵架太频繁，声音太大，给你留下了深刻的印象，并长存在你的记忆中。再加上你对他们吵架心生恐惧，老是担心，老是去想，结果吵架声被强化，时不时地自动在你脑中回响。”

“那怎么办呢？”

“首先，你要接纳这个声音，不要为此太过焦虑。其次，一旦它响起，你就起身走走，或找人聊天，或干点是其他事情，转移一下注意力。”停顿了一下，温韵接着说，“当然，最重要的是，我得和你父母谈谈，要求他们杜绝在你面前吵架，为你创造一个和谐、安静的家庭环境。”

“嗯。”

“温老师，袁其格的心理问题严重吗？”袁其格的爸爸问温韵。

“问题比较严重，但还没有到心理疾病的地步。不过，如果不引起重视，消除致病的内、外因素，那她的心理问题就可能往不好的方向发展。”

“哦，那我们做父母的应该怎么做？”

“今天只有你一个人来，而且咨询的时间也到了。你最好和你爱人商量一下，这两天找个时间，一起过来。我们再详谈。”温韵对袁其格的爸爸说。

“行，我跟她妈妈说说，让她调个班。”袁其格的父亲很爽快地承诺。

袁其格的父母和许多感情不和的夫妻一样，即便是并排坐在温韵的面前，身子也是本能地一个向右倾，一个向左倾。这样的肢体语言明白无误地告诉旁观者，我们不熟，不想有肢体上的碰触。可是，他们已经在一个屋檐下生活了十多年，且共同拥有一个女儿。

“今天请你们过来，主要是因为你们女儿的心理问题和你们家庭的氛围关系很大。”温韵说，“我直接说吧，你们家经常有人吵架，所以你女儿很痛苦。”

“我们最近没怎么吵了。”袁其格的爸爸说着，斜眼看了一下自己的妻子，想得到妻子的附和，但是他妻子绷着一张脸，像扑克女王，没有任何表示。

“你们知不知道，袁其格因为你们经常吵架，现在都出现幻听了，她老是听到有人在吵架。”

“其实，我也不想吵架，可是，他父母太气人了……”袁其格的妈妈一开口，眼圈就红了。

“他们是老人，你老和他们计较什么？”袁其格的爸爸略微不满地说。

“是老人就可以蛮不讲理吗？”袁其格的妈妈激动起来，大声反驳道。

也许是因为有温韵在，所以袁其格的爸爸没有跟着发作，只是尴尬地笑了笑。温韵看得出袁其格的妈妈有一肚子的委屈淤积在心中，堵得难受，必须得先发泄出来。于是，温韵决定先单独和她聊聊，帮她处理一下这些负面情绪。

“这样吧，你先到外面坐一下，我和你爱人单独聊聊。”温韵对袁其格的爸爸说。

“我简直受够了他们一家人。”袁其格的妈妈开始哭诉，委屈像堰塞湖的水，一旦决堤，便不可遏制地奔涌而出。“我二十岁就跟着他，因为怀上了孩子，不得已匆匆地结了婚，连一个像样的婚礼都没有，更别提什么婚纱照。自从嫁进他们家，他父母就对我鼻子不是鼻子，眼不是眼的。不管我怎么讨好他们，他们都不领情。我心里跟明镜似的，他们是嫌弃我，一百个嫌弃。觉得我配不上他们儿子。我是没什么文化，初中生，但是，他们儿子也只不过是个中专生，有什么了不起的？我娘家是穷，但他们也不过是工薪阶层，也没什么可拽的。我在家里做个饭，他妈要挑剔，不是说咸了就是说淡了；买件衣服，他妈也要说，说我乱花他儿子的钱；就连袁其格的教育，他父母也要插一手。在那个家，我简直没有一件事是做对了的。我老公就是个巨婴，家务不做，一天到晚就在外面和一些狐朋狗友吃喝玩乐。我一和他父母闹矛盾，他就和稀泥，要不就躲出去，从来不替我说一句话，你说我能不天天和他吵吗？我现在经常不舒服，胸闷、气急、头痛，他父母还说我没病装病，浪费钱。更让人寒心的是，有一次我晕倒了，被同事送进医院，他父母都没有来看一眼。最后我老公终于来了，也只是让我尽快出院。我知道他们家是怕我多花钱。唉，我真是后悔死了，真不该嫁给他！要不是为了袁其格，我早离婚了。

“其格妈妈，看来你在那个家真是受了很多的委屈。”温韵乘她话语间停顿的片刻，递给她一张纸巾，接过话茬，真诚地表达自己对她不幸遭遇的同情。当然，她也知道，一个巴掌拍不响，一段关系的恶化，是关系双方互动的结果。要想解开关系的死扣，双方都要做出努力，有所改变。她决定先让袁其格妈妈明白这个道理。

“受点委屈我也认了，可是我老公的态度我实在无法忍受。”袁其格妈妈愤怒地说。

“我理解，自己在乎的人却不在乎自己，是一种多么无助又痛苦的感受。”温韵说，“这样吧，我让你老公进来，让他给你一个说法。”

“他？”袁其格妈妈从鼻子里哼出这个字，表明了她的不屑和绝望。

温韵走出咨询室，把袁其格爸爸叫了进来。

“其格爸爸，刚才你爱人说了很多往事，我能理解她心中的痛苦，你能理解吗？”温韵问他。

“我开始的时候也尽力去理解她，可她老是和我父母发生冲突，我实在管不了，也就不想管了。”

“你什么时候理解我了？”袁其格妈妈瞪着眼睛，质问他。

“我不是劝过你吗？我说我父母个性要强，你不要和他们对着干，没好处的。”

“你怎么不说说你父母呢？让他们少管闲事。”

“我说了，可是他们不听。再说，我们一家人住着父母的房子，他们帮我们带其格，每月还补贴我们生活费，我也不好多说什么呀，只好委屈她了。”

“既然知道委屈她，平时就应该多关心她才是。像你这样，总是逃避，只顾着自己快乐，你爱人只会更生气，更觉得委屈。”温韵说。

“这方面我是做得不够好。我是不太会关心人，也不会什么甜言蜜语。”其格爸爸说。

“不会就要学。只要有这个心，就算没有甜言蜜语，相信你爱人也能感受得到你的真心。”

“好吧。老婆，以前是我做得不对，我以后一定改，你相信我。”袁其格爸爸郑重地对袁其格妈妈说。

“哼。”袁其格妈妈轻哼了一声，不置可否。

“我看你父母和你爱人个性都很强，长久在一起，难免矛盾重重。你们一直都没有想过要独立出去住吗？”温韵问袁其格爸爸。

“想独立。可是，我俩工资都低，经济条件不太允许，买不起房。”袁其格爸爸越说越没底气，话里透着无法掩饰的难堪。

“你老公的顾虑，你能体会吗？”温韵问袁其格妈妈。

“我也不是要他和他父母作对，我只是希望他能多体贴我，多帮我说点好话。”袁其格妈妈的语气软了下来，想必心中的委屈已宣泄了大半。

“要不这样吧，我们一家三口出去租房子住。”袁其格爸爸突然有了决定，对袁其格妈妈说。

“这也是个办法。”温韵点头，又问袁其格妈妈，“你愿意吗？”

“我当然愿意。我以前就和他说过，是他自己不愿意的。”袁其格妈妈说。

“那如果你们一家三口单独住，你还会天天和你老公吵吗？”温韵问袁其格妈妈。

“其实，我俩没太多的矛盾，就是因为他父母的掺和，才经常吵。”袁其格妈妈说。

“不管因为什么，你们吵架是一时痛快，结果，袁其格成了最无辜也是最大的受害者。我相信你们也是很爱自己女儿的，一定不想因为自己的行为毁了孩子的一生吧？”

“不吵了，我们不吵了。我以后让着她就行了。”袁其格爸爸点着头，一再保证。

“我也懒得和你吵。”

“其格妈妈，你看，你们吵也吵了这多年，你觉得他们对你的态度有改变吗？”

“没有吧？”见袁其格妈妈不说话，温韵自己答，“所以，要想别人看得起你，你自己得做出能让别人看得起的事。与人争执绝不是一个有效的方法。你说，对吧？”

“嗯。”袁其格妈妈说，“我知道自己的脾气也不太好，我会尽量克制。”

“你呢？以后你爱人再和你父母发生争执，你要站在中立的立场上，不偏不倚。要有担当，不能逃避。”温韵严肃地对袁其格爸爸说，“就算是为了女儿的健康成长，也要学会智慧地解决问题。”

“我知道了。温老师，谢谢你。”袁其格爸爸说。

“对了，你们不要再不断地唠叨袁其格，尤其是关于她饮食方面的问题。比如不要说你多吃点，怎么吃这么少，应该吃这个，看你瘦成什么样了之类的话语。说多了，没有任何好处，只会让她反感，影响食欲。尤其是爷爷奶奶和妈妈。”

“哦。”袁其格妈妈应道。

“我也会跟我爸妈说的。”袁其格爸爸说。

“把饭菜做好吃了，做她爱吃的，她自然会吃的。她其实知道饮食对自己健康的重要性。”

“嗯，知道了。”

袁其格依约于一周后来访。

“幻听好些了吗？”温韵问她。

“还有点，但少多了。”袁其格说。她的脸上有了些光彩，尽管还是那么消瘦。

“你家里人还经常吵架吗？”

“大吵没有了。他们偶尔还是会拌一下嘴。”

“你的饮食怎么样？爸爸妈妈还唠叨你吗？”

“还好。我尽量多吃一些。他们很少说了。”

“嗯，那就好。希望你在健康饮食的基础上加强一下锻炼。”

“我会的。”

从袁其格的嘴里获得了前两次咨询的反馈后，温韵十分欣慰，然后根据为袁其格制订的咨询方案，开始了今天的咨询，“嗯，现在我们来谈谈对自己的认知。”

“我记得上次，你说过觉得自己很丑。除此之外，还有什么对自己不满意的地方吗？”温韵问。

“胆小、脾气坏、没才艺……”

“那么，优点呢？”

“嗯，学习还可以吧？”

“还有吗？”

袁其格努力地想了一下，茫然地看着温韵，不说话。

“据我对你的观察，我觉得你很善良、聪明、有毅力、肯吃亏、重情义。”

袁其格没有说话，看着温韵的目光中升起一缕热切的亮光。

“所以，你没有你自己想象的那么不堪，你只是没有看到自己的闪光之处。”

“我……没有人告诉过我。”袁其格的声音中有着掩饰不住的委屈。

“现在，你要学会客观地看待自己，学会自己肯定自己。”温韵停了一下，接着说，“当然，我们每个人都有不足，但是没有关系，每天不断努力、进步，尽力去弥补自己的不足就好。”

“可是，别人还是会觉得我丑，不理睬我。”

“丑是一种很主观的感受。喜欢你的人，就不会觉得你很丑。不喜欢你的人，自然会说你丑。再说，交到真心朋友的先决条件是人品要好，不是长得漂亮。漂亮的人固然更容易在第一时间得到别人的青睐，但是，日久见人心，只有人品好的人才能获得长久的友情，是吧？”看着袁其格低头沉思，温韵紧接着问她，“假如是你，你是愿意和美而不善良、不真诚的人做朋友，还是愿意和相貌平平但善良真诚的人做朋友呢？”

“当然是善良、真诚的呀！”这次，袁其格没有犹豫。

“对呀。你很善良、真诚，也很替朋友着想。如果再自信些，朋友们会喜欢你，她们不会嫌你不好看的。再说，你也没有很难看。如果你的朋友中有人老拿你的相貌说事，那她就不是你的朋友，你就可以疏远她。”

“哦。我知道了。”

“自信的人最美！记住这句话。”温韵郑重地对袁其格说。

袁其格轻轻地重复着这句话，若有所思。

这句话，温韵已经记不清和多少来访者说过，尤其是青少年。

获得自信的基本条件是正确地认识自我。很早以前，古希腊，德尔斐城的阿波罗神庙门口就刻有一句格言：“认识你自己。”如果一个人不能正确地认识自我，即看不到自我的优点，觉得处处不如人，就会导致自卑。自卑的人往往在面对选择时，畏首畏尾，没有信心，错过良机。相反，如果一个人过高地估计自己，就会骄傲自大、盲目乐观，导致种种失误。严重的会出现自我认知偏差，甚至造成自我认知障碍，进而导致各种心理问题。所以，正确地自我认知，是每个人人生的重大课题。一个人只有客观、正确地认识自己，才能悦纳自己，既欣赏自己的长处，又接纳自己的不足，不会因自己的不足而羞愧。然而不幸的是，有的人也许终身也不具备这种自我认知能力，永远不能客观地认识和评价自己。

第二十四章

无法拒绝：讨好型人格 vs 自我压抑

“乔老师在吗？”随着一声弱弱地问话，一个女孩没有敲门（或许敲了，声音太小）便打开虚掩的房门，探进头来。

“在，快进来吧。”乔真真起身，走到她的面前，把她迎进来。

乔真真知道这个女孩一定是她今天要接待的来访者，一个大二的学生，叫陶懿。

女孩可能没有想到诊所里有这么多人，有点惶恐。她缩着身子，局促不安地坐在沙发上，双手插在两腿之间。小麦给她倒了一杯水，然后，轻言细语地给她介绍心理咨询的流程和要填写的表格。或许是同龄的缘故，也或许是因为小麦的开朗热情，女孩慢慢放松了下来。

“你生活中最大的困惑是什么呢？”乔真真直截了当地问陶懿。对于文化水平高，理解力较强的来访者，一般直接采用认知——领悟疗法，让他们自己挖掘心理问题的根源，并找到解决问题的方法和途径。

“我没有办法和我妈妈好好地沟通。”陶懿十分沮丧地说，“每次我都下定决心，告诫自己不能发火，想心平气和地和她好好地聊聊，结果……”陶懿说不下去，苦着一张脸，把手一摊，整个身体透出一股绝望的气息，似乎再也看不到希望，就要崩溃了一般。

“每次都谈崩吗？”

“嗯，不是她发火就是我发火。”

“你这么急切地想和你妈妈沟通，是有什么非说不可的理由吗？”

“她总是干扰我的生活，让我很痛苦。”

“你能说得具体点吗？她是怎样干扰你的生活的？”

“不管我干什么，她都不放心。不断地给我很多意见，追踪我的行程。你看，从我决定来这里，她便不断地给我发信息，我不想理她，不回她，她便给我打了无数的电话。”陶懿掏出手机，让乔真真看自己与妈妈的微信和电话记录。确实如她所言，密集的短息和电话就像一颗颗沉默的子弹，尖锐地射向陶懿，“我都快要窒息了。”

“可以把你真实的感受告诉你妈妈。”

“说了，她不听。她说她这是关心我、担心我，有什么错？”

“看来，你和你妈妈的交流完全不在一个频道上。”

“就是，就是。完全是鸡同鸭讲。不管我说什么，她就是不能领会我的真实意图。我只是希望她多给我一点儿空间，她却说我忘恩负义，不爱她。我……真是快疯了。”

“为什么不和你妈妈一起来咨询？”

“她不来，她觉得自己没有什么错，都是我不理解她。”陶懿木然地说，“有时候，真的，我知道我不该这么想，但是，我有时候就是忍不住想，我想掐死她。”

“掐死她？”乔真真心里一惊，特意再次确认，“你想掐死谁？”

“我妈。”陶懿咬着下嘴唇，两眼空空，冷冷地说。

看来，陶懿对自己的母亲的情感正慢慢发生质的变化：由最初的爱，到成长中的爱恨交加，现在是往恨的状态转化。这种情感的变化其实并不隐秘，只是父母没有太在意。因为他们太过自信，以为亲情是流淌在孩子血液里的基因，是恒久不变的。但是，他们不知道，所有的情感都是需要经营的，如果经营不好，是会破产的。父母与子女之间的爱也不例外。

很显然，陶懿就是这样。她对妈妈长久以来的怨气堆积在心里，无处发泄，在不知不觉中，逐渐转变成恨意。这是一个很危险的信号，乔真真决定先采用空椅子技术处理陶懿的情绪问题，让她的负面情绪发泄出来。

空椅子技术是格式塔流派常用的一种技术。这种技术是运用两张椅子，要求来访者坐在其中的一张，另一张空椅子代表曾经伤害、误解或者责怪过来访者的人（假定这个人坐在椅子上）。来访者由于各方面的原因不能直接将负面情绪发泄出来，此时可以通过对空椅子的指责，甚至漫骂，从而使来访者获得内心的平衡。这种方式被称为“倾诉宣泄式”，是空椅子技术中的一种。

“好了，你现在可以开始了。”乔真真说。她在陶懿面前摆了一把空椅子，并调暗了灯光，自己退到房间的角落里，无声地注视着她。

“我……”陶懿面对着空椅子，一时语塞。不知道是不习惯对着一把空椅子说话，还是有太多的话一起涌上心头，反而不知道从何说起。

“想象你的母亲就坐在你的对面。”乔真真轻轻地说，帮她尽快地进入情境中。

“妈，你知不知道？”陶懿下意识地把椅子往后推了一下，以便离对面的椅子远一点。也许这样，她才会感到放松，也才能有足够的勇气说出下面的话，“我真得快受不了了！”

话音未落，泪水夺眶而出。仿佛这句话是开启泪水闸门的密语，一旦大声念出来，便再也关不住满眼的泪水。

“我知道，你一个人抚养我不容易。所以，我从小就不敢说出自己的真实想法，因为我怕你不高兴。并且，我知道，说了，你也不会听。

“我真的活得很痛苦。我有太多的烦恼，却无法告诉任何人。每次跟你说了，你都只会责怪我。

“今天，我要告诉你，我不喜欢吃香蕉，我不喜欢你给我买的衣服和发卡，我不想学会计，我喜欢画画，我想学艺术，你知道吗？我不是你说得那么一无是处，不可救药。我也有自己的长处。”

陶懿低声哭诉着，手里的纸巾早已湿透，只好不停地用手抹去脸颊上悄然划过的泪水。乔真真见状，赶紧递给她更多的纸巾。陶懿的声音低沉沙哑，右手紧紧地压在胸前，仿佛想要制止那些压抑太久，现在要拼命冲出来的话语。

“妈妈，我不想惹你生气。可是，不管我做什么，你总是不满意，我到底怎么做，你才满意？你能夸我一句吗？

“妈，你能不能高兴一点儿，每次你不高兴的时候，我是多么害怕，因为我不知道自己又做错了什么？

“你说过，你这一生是为我活的，但是，妈妈，我不需要你为了我忘了你自己。你能为自己活吗？

“妈，我长大了，会照顾好自己的，你不要再时时刻刻追踪我的消息……”

在陶懿近乎歇斯底里的哭诉之后，乔真真通过电话对陶懿的妈妈进行了一次简短的心理干预。是心痛也好，是责任也好，她都觉得自己应该和那位母亲谈一谈。虽然她知道这样做的效果很不确定，但是又不得不如此为之。然而，陶懿的妈妈对自己曾经教养行为的正确性，仍然存有疑惑。不过，她总算承认自己对孩子干涉太多，愿意试着放手。乔真真尝试着说服她尽快到诊所，接受一次面对面的心理咨询。她借口说工作忙，等有时间了再来。

“我也劝她来做心理咨询，但是，她从骨子里就认定这只是我的问题。”陶懿瘪着嘴，不屑地说。

“是呀，我和她谈过了。不过，她倒是答应不再干涉你的生活了。”乔真真说。

“嗯。是比以前好了点。”陶懿点头，“但是，她就是那样的一个人，不可能发生脱胎换骨式的改变。”

“那你就只能调整好自己的心态了。”乔真真说。

“是呀。我现在尽量不和她发生正面冲突，能躲就躲，我不理她就是了。反正，吵架也解决不了问题。”陶懿说。

“可是，因此而产生的负面情绪，你如何处理？”

“想到她是真心爱我，只是用了错误的方式，我就尽可能地原谅她。要不就转移一下注意力，比如看电影、运动之类。实在忍不住了，再大吵一架，发泄出来。”

“在你妈妈面前，你敢于表达自己真实的想法了吗？”

“比以前敢了。以前的我真是太压抑了，每天看我妈的脸色，生怕惹她不高兴。我觉得自己已经很努力了，但她还是不满意，搞得我对自己一点儿信心也没有。”

“你的意思是说你很自卑？”

“嗯。虽然我的成绩不差，但其实我很不自信。因为我有一个很困惑的问题，就是我对人很好，可是周围的人都对我不好。”

“周围的人，你主要指哪些人？”

“就是我的朋友呀。”

“你能具体讲一件事情吗？”

“比如，有的同学赖在床上不想去食堂，我就会帮她们打饭。但是，有时候我让她们给我打饭，她们就不愿意。总之，有什么好事，她们都会想着其他人，却不会想着我。”

“她们是你最好的朋友吗？”

“是呀，我们经常在一起。”

“你有想过她们为什么这么做吗？”

“我不知道。我对她们这么好，她们为什么不能同等地待我呢？”

“当她们不能同等地待你时，你生气吗？”

“生气呀！但是过一会儿我就不气了，觉得也许她们不方便吧。”

“所以，你就这么轻易地原谅了她们？”

“是呀，不然怎样，我不想把关系搞僵。”

“嗯，我能理解你的感受。”乔真真深有感触地说，“其实，大学期间，我有一段时间和你的情形差不多。我也是特别不会拒绝别人的人，总觉得拒绝别人是一件特别不好的事。如果别人生气，不再喜欢我了，不和我做朋友了，怎么办？”

“对，对，我就是这么想的。”

“可是,后来我发现有些人越来越过分。有一天,我忍无可忍，和某人大吵了一架。结果，我发现，大家从此好像对我尊重了许多，不再提一些无理的要求。”

“哦？”

“后来，我反思了一下自己交友的问题，主要是人际交往没有底线，缺乏原则。”

“没底线，没原则？”

“对。底线，是指你与人交往时，要在心里画一道线，一道让你的尊严得到保护的线。也就是说，那些事情你是坚决不能接受的，如果有人做了过分的事，越过了这道线，你就要严肃认真地告诉她，你不喜欢她的行为。如果她要继续和你交往，就必须尊重你。”

“你是说我不能轻易地原谅那些不尊重我、伤害我的人。”

“对。”

“可是，这根底线怎么画呢？”

“这就是人际交往的原则问题了。人与人的交往必须遵循这么几个原则:平等、真诚、友爱、互惠、信用……卡耐基曾经说过，人际交往要遵循功利原则，即人际交往的本质是一种社会交换，一旦你破坏了这个原则，得到少于付出，你的心理就会产生不平衡。如果你在交往过程中，遵循了这些原则，而其他人并没有遵守，那他们就不值得交往，也没必要做朋友。”

“哦。我懂了。你是说我交的那些人并没有真心拿我当朋友。”

“你觉得呢？”

“我？我很难交到朋友，只要有人愿意和我做朋友，我就真心当她们是朋友，其他的我没有想过。”

“那你有想过为什么你很难交到朋友吗？”

“我不知道。反正，她们都不主动和我交朋友。”

“要想别人主动和你交朋友，你就必须是个有人格魅力，能吸引别人的人。而这种人往往外表整洁、性格开朗、兴趣广泛、人品好、自信、还有点才艺……”

“嗯，你说的这些，我好像只有人品还可以。”

“人品固然是交友中最重要的，但是，如果你不具备一些其他特点，就很难在第一时间吸引人。而且，我感觉你不太注重打扮。”

“嗯，我妈说，只有坏女孩才天天想着怎么打扮。她……”陶懿欲言又止，盯着乔真真，悄声地说，“有一次，我戴了一副漂亮的耳坠，她说，你这是想出去勾引男人吗？”

“啊？你妈居然这么说你？”乔真真既愤怒又心痛。

“从此，我根本都不敢打扮，慢慢就习惯了不修边幅。”

“你看，你一直以来自我认同度很低，别人自然也不太可能喜欢你。在这样的情形下，为了拥有朋友，你就不得不委屈自己，迎合别人，讨好别人。久而久之，讨好人成为你人格中的一部分，也就是说，成了你下意识、习惯性的一种行为方式。喜欢讨好别人的人，通常最不愿意的就是引起别人的不开心，怕别人对自己有意见，引发冲突，所以才委屈自己不敢提要求，不想欠别人的，尽量满足别人。这样做，表面上是为了很好地避免冲突，实则是不自信的表现。你没有勇气说出‘我不愿意’来拒绝别人。可是，这样反而更让别人看不起你，她们会得寸进尺，最后，把你的尊严踩在脚下。”

“嗯，她们就是这样的。我已经能妥协就妥协，能忍就忍，十分将就她们了。可是，她们并不把我当回事。”

“所以，你需要做的是学会‘拒绝’那些不合理的要求，并有勇气接受由此带来的不快，甚至是冲突。然后，远离那些不合格的朋友。”

“嗯，我明白了。那些喜欢伤害我的人不是我的朋友，我应该拒绝她们，慢慢疏远她们。以后，要找到那些真心对我，不会伤害我的人做朋友。”

“对。不过，这些只是交友的技巧问题，而你根本的问题还在于你的个性。”

“我知道。我不够自信、不够阳光，也没什么才艺，还习惯察言观色，没立场，不敢得罪别人……我也不知道，我为什么会这样？”

“这和你的成长经历有很大的关系。你从小和母亲相依为命，为了让母亲高兴，总是想方设法迎合母亲的需求，而忽略了自己的真实感受。这种你与母亲在早期交往中形成的讨好型的行为方式，会迁移到你与其他人交往的过程中，时间长了，便成为你根深蒂固的思维模式和行为模式。”

“哦，这样。”

“其实，你是因为缺乏关爱，所以对感情特别渴求和认真。不过，现在你长大成人了，从今天开始，你要学会关注自己的真实感受，学会关爱自己。”

“嗯，我明白了。”

在人际交往中，总有这样一类人，他们做任何事情都以取悦别人为目的，不敢对别人说“不”。他们为人处事无界限，既允许别人随意践踏自己的尊严，在自己的生活里指手画脚，又经常突破别人的界限，妨碍别人的生活。他们渴望建立亲密关系，却常常因别人不能满足他们的期待而受伤。这是一种病态的人格——讨好型人格。具有这种人格的人，往往是由于年少时不良的家庭教养，缺乏足够的关爱和肯定，以至于长大后，自卑、敏感、脆弱、没有安全感，习惯性地一味讨好他人，而这样并不能让自己过得更好，反而令自己感到很累、很憋屈、很压抑，丧失自我，最终会成为别人可以任意欺负的对象。珍视自己，守住自尊的底线，把握好人际交往的界限，是讨好型人格要面对和学习的人生课题。

第二十五章 尾　声

钟声敲过十二响，新年的气息扑面而来。漫天绚烂的烟花，让寂寥的夜空喧哗，张扬，仿佛有了生命。温韵仰望夜空，想着，浩瀚的宇宙，人何其渺小。可是，具体到每一个个体，人又是何其巨大。如果说人体如同一台精密的仪器，那人心则是这台仪器的核心部件——发动机。不管人生去向何方，如何发展，能走多远，怎样终了，决定着这一切的都是人心。

此刻，温韵站在落地窗前，双手捧着一杯热茶。一张张似曾相识的面孔在她脑海里闪现，他们或明媚，或落寞，或木讷，或紧张，或愁苦，或淡漠，或呆滞……这些脸庞的主人到底经历了怎样的人生，或正在经历怎样的人生？那些神情焦躁，浑身上下都散发着我“不快乐”讯息的人们，极力想掩饰什么？有着怎样的伤痛，在他或她的脸上刻下了如此悲伤的线条？每每想到这里，温韵的内心便突然一阵阵涌动，很想冲下楼去，拉住他们的胳膊，轻声地说：“来，让我们坐下，好好聊聊，可以吗？”

图书在版编目(CIP)数据

对话疗愈：心理咨询帮你重新认识自己 / 木梅著
.—北京：中国法制出版社，2022.5

ISBN 978-7-5216-2447-2

Ⅰ.①对… Ⅱ.①杜… Ⅲ.①心理咨询—案例 Ⅳ.
① B849.1

中国版本图书馆 CIP 数据核字(2022)第 001480 号

策划 / 统筹：李　佳（amberlee2014@126.com）
责任编辑：王　悦（wangyuefzs@163.com）　　封面设计：高　瓦

对话疗愈：心理咨询帮你重新认识自己
DUIHUA LIAOYU：XINLI ZIXUN BANGNI CHONGXIN RENSHI ZIJI

著者 / 木　梅
经销 / 新华书店
印刷 / 三河市国英印务有限公司
开本 / 880 毫米 ×1230 毫米　32 开　　印张 / 8.5　字数 / 180 千
版次 / 2022 年 5 月第 1 版　　2022 年 5 月第 1 次印刷

中国法制出版社出版
书号 ISBN 978-7-5216-2447-2　　定价：42.00 元

北京市西城区西便门西里甲 16 号西便门办公区
邮政编码：100053　　传真：010-63141600
网址：http://www.zgfzs.com　　**编辑部电话：010-63141831**
市场营销部电话：010-63141612　　**印务部电话：010-63141606**
（如有印装质量问题，请与本社印务部联系。）